JN277171

人口・食料・資源・環境
家族農業が世界の未来を拓く
食料保障のための小規模農業への投資

国連世界食料保障委員会専門家ハイレベル・パネル
【著】

家族農業研究会／(株)農林中金総合研究所
【共訳】

農文協

HLPE. 2013. Investing in smallholder agriculture for food security.

A report by the High Level Panel of Experts
on Food Security and Nutrition of the Committee
on World Food Security, Rome.

日本語版への序文

2013年12月1日

HLPE運営委員会 議長　M・S・スワミナサン

HLPEプロジェクト・チームメンバー　関根佳恵

国連世界食料保障委員会（CFS）の専門家ハイレベル・パネル（HLPE）の報告書のひとつであり、2013年6月に発表された『食料保障のための小規模農業への投資』が、このたび日本語に翻訳され、日本で新たな読者を得る運びとなったことは、私たちにとってたいへん喜びである。本報告書は、2013年10月に開かれたCFSの定例会議において、政策議論の基礎資料となったものである。本報告書の日本語版が、国際家族農業年である2014年に、日本における小規模農業や家族農業をめぐる議論に有益な見識をもたらすようになることを願っている。

本報告書は、日本農業や日本社会にとって極めて重要なものであると信じている。日本の読者の方はよくご存じのように、日本農業の大きな特徴は小規模農業とアジア的稲作生産システムであるが、他のOECD諸国と同様に、日本農業は第二次世界大戦後に劇的な構造変化を経験してきた。日本は1人当たりGDPが高いことから、読者の中には、日本社会は食料不足や栄養失調とは直接

関係がない、と初めは思う人もいるかもしれない。しかし、低い食料自給率（2012年はカロリーベースで39％）と農業部門の高い高齢化率（2010年には農業従事者のうちで65歳以上の占める割合は60％以上）において、日本が置かれている状況は突出しているという点を指摘しておかなければならない。これは、今日の日本では、輸入された食料、飼料および農業資材によって需要がまかなわれており、国内の農業生産システムはますます脆弱になりつつあるということを意味している。

こうした課題に取り組むために、日本の政策決定者たちは、農地の集約化と規模拡大にむけた構造改革をより徹底し、企業の農業生産への参入を促進するための規制緩和を行うといった形で、農業政策を方向づけてきた。しかし、こうした政策上の選択肢は、国民に対して十分な食料、雇用、および生計を提供できるのだろうか。食料保障を実現できるのだろうか。そして、日本社会の持続可能な発展に貢献できるのだろうか。そのような疑問が持ち上がっている。このような文脈において、本報告書は、政策面で考慮・議論すべき代替的（オルタナティブ）な選択肢を提示している。他のOECD諸国と同様に、本報告書は現代の日本情勢とたいへん関わりの深いものであることを、もう一度ここで強調しておきたい。

一方で、日本は、小規模農業部門の経験を諸外国に提供できる存在である。本報告書でも触れられているように、農業生産者と消費者との直接的なつながりの日本モデルは「提携」と呼ばれており、世界の数多くの地域で類似の運動が広がるきっかけとなった。また、日本は、農場レベルにおける過剰投資のリスクと適切な農業装備の配置の必要性についても、有益な教訓を残している。2011年3月11日に起きた東日本大震災とその後の東京電力福島第一原子力発電所の事故は、

日本語版への序文

日本だけでなく世界にも衝撃を与えた。言うまでもなく、これらの出来事は、2007〜2008年の経済危機後の日本社会および日本経済に対して、さらなる影響を与えることになった。こうした出来事を経て、現代の経済システムおよび社会システムに潜むリスクに多くの日本人が気づき始めた。日本の社会経済システムは、潜在的脅威を内包したエネルギーの大量消費、現代の科学技術への過度の信頼、そして経済効率性の行き過ぎた追求の上に構築されてきたのである。他の経済部門と同様に、農業も、持続可能な発展に至るための重大な岐路に立っている。

震災後の日本では、被災地復興のための新たな工業的農業プロジェクトが数多く動き出しているが、他方で、新しい連帯のシステム、農業生産活動や農村活動と結びついたエコロジー的で小規模なエネルギー生産プロジェクト、地域の食と知恵、そして食料保障に対する希望も見出すことができる。本報告書が示すように、農業、とくに小規模農業において、どのような投資がすべての関係者によってなされる必要があるのかを理解し、それに沿った投資計画を立てるためには、経済全体の中での農業の長期的ビジョンを国家レベルで構築・共有することが鍵となる。

2013年10月のCFS定例会議において、本報告書が世界レベルでその役割を成功裡に果たしたように、日本においてもその役割を果たすことができれば、私たちにとっては望外の幸せである。本報告書が、日本農業の目指すべき適切な方向についての政策論議を豊かなものにし、支援し、そして日本の未来における小規模農業の役割を見つけ出す一助となることを願うばかりである。

本報告書の翻訳プロジェクトは、翻訳チームによる共同作業ならびに本報告書がもつ意味についての深い理解なくしては、実現しなかったであろう。翻訳チームに参加いただいたのは、村田武、岩佐和幸、原弘平、橘高研二、高梨子文惠、岩橋涼の各氏、そして関根佳恵である。時間的制約の

中で、このプロジェクトに対して「共同投資」を行っていただいた彼らに対して、感謝の気持ちを表したい。この翻訳出版プロジェクトはまた、翻訳チームへの有能な訳者の派遣や本書の普及面でのご支援等、種々お力添えをいただいた（株）農林中金総合研究所のご厚意なくしては困難なものであった。そのご支援・ご協力に対して、ここに感謝の意を表したい。さらに、有益な助言をしていただいた農民運動全国連合会（農民連）の副会長・真嶋良孝氏、そして農林水産省農林水産政策研究所の政策研究調整官・株田文博氏に対しても、お礼を申し上げたい。

最後に、私たちと共に働き、支援していただいたCFSのHLPE事務局、とくにHLPEコーディネーターのヴァンサン・ジット氏と彼の助手であるファビオ・リッチ氏に、感謝の気持ちを伝えたい。彼らは、このプロジェクトを運営面で支えてくれただけでなく、このプロジェクトに取り組む私たちを常に力強く励ましてくれたからである。また、本書を出版いただいた農山漁村文化協会と、翻訳チームと編集局長の豊島至氏にも、お礼を申し上げる次第である。

本報告書の日本語版が、小規模農業が広く行われている他の国々と同様に、日本でも農業および小規模農業をめぐる適切な政策を形成し、それによって食料保障を強化することに貢献することを願っている。

凡例

一、本書は HLPE.2013. *Investing in smallholder agriculture for food security. A report by the High Level Panel of Experts on Food Security and Nutrition of the Committee on World Food Security, Rome.* の翻訳書である。邦訳出版にあたってＨＬＰＥ議長のＭ・Ｓ・スワミナサン氏より、本書の共同執筆者兼共訳者である関根佳恵氏との共著で、「日本語版への序文」をお寄せいただいた。

二、本文中の通貨で、単にドルと表記したのはＵＳドルを指している。

三、原文中の注は（１）、（２）…で表示し、その内容は各章末に掲載した。

四、訳者による注は〔　〕で表示し、当該段落末に掲載した。

農山漁村文化協会編集局

目　次

日本語版への序文　HLPE運営委員会議長 M.S.Swaminathan・関根佳恵 …… 1

凡例　5

序文　小規模農業への投資　──食料保障と栄養供給のための新政策── …… 15

要約と勧告 …………………………………………………………………… 19

　主要な報告　20
　勧告　28
　世界食料保障委員会への勧告　32

序　章 ………………………………………………………………………… 35

第1章　小規模農業と投資 ………………………………………………… 43

　第1節　小規模農業とは何か　43

1　小規模農業の基本的な特徴　43
2　小規模農業をどう定義するか　46
　「小規模経営」についての公的な定義に関するさまざまな事例　47
3　世界の小規模農業の全体像　49
　経営規模に基づく現状の概観　49
　データの利用性を高めるために　53
4　小規模経営はかなり不均質でダイナミックな部門を形成している　55

第2節　投資　57
1　投資を理解するための持続的生活様式フレームワーク　57
2　投資と生産性　60
3　小規模経営が主要な投資者である　60

第3節　小規模農業への投資の制約条件　62
1　永続的貧困・資産利用の欠如・複合的危機　62
2　市場の失敗　66
3　公的部門の役割の変化　69
　経済的・政治的関係における力の不均衡　69
　小規模経営の基本的人権に対する社会的承認およびアクセスの欠如　71
4　小規模農業における投資の制約条件の類型化に向けて　72

第2章　なぜ、小規模農業へ投資するのか

第1節　食料保障と持続可能な発展を実現するための小規模農業の役割　80

1　食料保障　81
　1　生産　81
　2　所得　82
　3　食生活の多様化　84
　4　安定性　84
2　食品加工、フードチェーン、消費者とのつながり　87
3　小規模経営の組織と市場アクセス　88
4　小規模経営、多様な経済活動、農村における農外経済　90
5　経済成長における役割　93
6　環境上の重要性　94
7　社会的・文化的重要性　95

第2節　構造変化と小規模農業　96

1　経済および農業の構造変化への経路　97
2　構造変化の原動力　101
　人口動態および農業人口　101
　四つの対照的事例　104

第3章　どのような投資が必要か……113

3　グローバルな構造変化のもとでの小規模農業の選択肢の開発　106

生産力の上昇　104

第1節　小規模経営による農場の生産財への投資　114

1　生産性の向上　114
2　弾力性の向上　117
3　小規模農業の条件に合った生産モデル　118
4　重労働、とくに女性の重労働の軽減　119

第2節　資産の乏しさを克服するための共同投資　121

1　生産財への共同投資　121
2　リスク管理戦略への投資　123

第3節　市場を機能させるための投資　126

1　生産資材市場への小規模経営のアクセスを改善する　126
2　小規模経営にとって有利な市場開発に投資する　127
3　金融サービスへの小規模経営のアクセスを増やす　129
4　契約農業と投資——社会的包摂過程としての契約農業の経済的・制度的条件——　132

第4章 小規模農業──投資のための戦略的アプローチ── ……………… 155

第1節 小規模農業のためのビジョンを基礎にした「小規模経営投資国家戦略」 156

第2節 新しい政策課題の要素 158

1 資産へのアクセスをどう改善するか 158
　自然資産 159
　人的資産 159
　金融資産 160

2 既存の市場や新規の市場へのアクセスを改善する 161

第4節 制度を機能させるための投資 141

1 公共財の供給のための投資 141
2 開発研究への投資 142
3 政府と公的サービスの能力強化 145
4 投資のための社会的保護 146
5 投資を可能にする土地保有権の保証 148
6 効果的で代表性のある小規模経営組織をつくるための投資 150

5 市場アクセス改善における小規模経営組織の役割 140

3 制度をどう強化するか——小規模経営組織から公共セクターまで 163

ボックス1 ラテンアメリカの小規模農業の多様性 56
ボックス2 相互に関連するリスクについてのラテンアメリカの事例 66
ボックス3 市場と小規模農業 67
ボックス4 農村生産者組織の能力向上における世界銀行の経験から得られた主要な教訓 70
ボックス5 インドとコロンビアにおけるサトウキビの小規模加工業の可能性 83
ボックス6 インドの「白の革命」 86
ボックス7 ケーススタディ：日本におけるCSA（提携） 88
ボックス8 マリ・セゴウ地方の小さな「ベンカジ・エシャロット女性生産者協同組合」 89
ボックス9 ケニアの酪農協同組合と小規模経営部門 89
ボックス10 生産者と消費者を直結させる新しい市場の創出 90
ボックス11 収量格差を縮めることは、多様な農業生態学的条件に取り組むことである 115
ボックス12 環境保全型農業を、現地の状況に合うように調整する 122
ボックス13 投資としての防除 125
ボックス14 協同組合銀行：ラボバンク、過去の教訓と新たな可能性 129
ボックス15 農業金融へのアクセスを可能にする 130
ボックス16 マイクロファイナンス金融機関と投資 132
ボックス17 ラテンアメリカの事例 138
ボックス18 アジアの事例 139

ボックス19　農村部と都市部での野菜農園と果樹園が、小規模農家や弱い立場の人びとの食料保障を強化する　147

参考文献一覧（REFERENCES）　184

付録1　第1章の図の算出に用いた81ヵ国のリスト　167
付録2　図8で用いられた各国の略語　167
付録3　世帯レベルの食料保障に影響を及ぼすさまざまな要素に取り組む際に、活用できる政策手段の事例　168
付録4　HLPEプロジェクト・サイクル　170

謝辞　185

編集後記　185

訳者あとがき　186

＊図表目次
図1　小規模経営における所得の流れと投資の源泉　45
図2　FAO世界農業センサス81ヵ国における農地面積規模別経営体構成　50

目次

図3 FAO世界農業センサス81ヵ国における経営規模の地域的多様性 50
図4 アフリカ14ヵ国およびEU27ヵ国の農業経営の規模別分布と農地面積シェア 52
図5 生活様式を構成する資産／資本およびその利用を実現するための要素
表1 さまざまなレベルでの小規模農業にとってのリスク 63
図6 資産・市場・制度にまつわる投資制約に対する小規模経営の多様な状況 73
表2 資産・市場・制度にまつわる投資制約の類型化に基づく小規模経営の典型例 74
表3 さまざまな発展経路に基づく制約条件への異なる対応（少数の事例） 75
図7 アルゼンチン各地における小規模経営と大規模経営の生産比較
　　——単位面積当たり・経営生産額当たり—— 85
図8 発展途上国の構造変化とこれまでの経路（1990～2005年）その1 100
図9 発展途上国の構造変化とこれまでの経路（1990～2005年）その2 101
図9 生産年齢人口比率と各年における労働市場参入年齢層の推移（1950～2050年） 103
図10 ブラジル、アメリカ、インド、フランスにおける農家数および経営規模の推移（1930～2000年） 105
図11 世界各地の農業就業者1人当たり経営面積、ha当たり生産量、農業就業者1人当たり生産量（1961～2003年） 107
図12 構造変化（1970～2007年） 108
表4 中国の農村地域における公共投資からのリターンに関する過去の研究事例 143
図13 HLPEのプロジェクト・サイクル 171

13

序文 小規模農業への投資
——食料保障と栄養供給のための新政策——

私が議長を務める「食料保障・栄養供給専門家ハイレベル・パネル」（HLPE）は、「世界食料保障委員会」（CFS）において、科学と政策をつなぐ位置にある。HLPEは、政策決定に科学的根拠があることを保証するために、CFSの要請に基づいて、政策に対応した分析と勧告を行うことを任務としている。2010年の設立以降、HLPEは、ローマで毎年10月に開催されるCFSの定例会議での検討に向けて、四つの報告書を発表してきた。2011年の『価格乱高下と食料保障』と『土地保有と国際農業投資』、2012年の『食料保障と気候変動』と『食料保障のための社会的保護』がそれである。2013年には、新たに2冊の報告書がCFSでの議論を活発にするであろう。『食料保障のための小規模農業への投資』と『バイオ燃料と食料保障』である。

これら六つの報告書は、いずれもCFSの特別の要請に基づいて作成されたものであり、したがって「要請主導型」の報告書である。現在のHLPE運営委員会は、2013年10月に任期を終えるので、CFS事務局は、2013年10月より活動が始まる次期運営委員会の構成を目下、固めつつある。CFSは、2014年10月の定例会議における次の二つの議

15

題をすでに選定している。「食料保障と栄養供給のための持続可能な漁業および養殖業の役割」と「持続可能な食料システムという面からみた食品ロスと食品廃棄物」がそれである。われわれは、後任の運営委員会がこれらの報告書を2014年10月会議までに取りまとめられるように、必要な準備を行ってきた。

議論が難しく論争の的になっている挑戦的なテーマにCFSが向き合ってきたことは、賞賛に値する。HLPEは、この地球上には、社会政治的にも、社会経済的にも、さらに農業生態学的にも、たいへん流動的な動きがあることを認識している。だからこそ、われわれは単純な一般化を避け、持続可能な食料保障と栄養供給をどう保証するかを議論の中心におきながら、政策的選択肢を提示している。

HLPEの報告書は、意見の異なる利害関係者に対して、実証的な政策分析の出発点にならなければならない。また、報告書は、たとえ立場が大きく違っていようと、あらゆるアプローチや見解を網羅しながら、包括的に評価する舞台を設定する必要がある。そして、政策論議に関わる一人ひとりが多様な意見を理解し、合意形成に至ることをよりしやすくしなければならない。

ここで、科学的に挑戦的で、知的にも価値あるものにしている、われわれの仕事のたいへん明確な特徴について強調しておきたい。CFSの利害関係者である各国政府、研究機関、農民の代表者、市民社会組織および民間部門は、知見と科学的助言を求めている。同時に、彼らの多くは知識人である。そのため、われわれは報告書作成の初期段階で、二度の一般意見募集を行っている。これは、何が関心事であるのかをよりよく理解するためにも、また追加的な知見や証言を集めるためにも、役立っている。

2011年10月、CFSはHLPEに対して、以下のことを要請した。「小規模経営の農業投資に制約があることについて比較研究し、制約解決のために異なった文脈での政策的選択肢を示すこと。その際、このテーマについて国際農業開発基金（IFAD）、国連食糧農業機関（FAO）の農業委員会（COAG）での成果、およびこれらの機関の主要な提携者が発表した成果を踏まえること。また、小規模経営を全国市場および地域市場の食料バリューチェーンと結びつける戦略についての比較評価、さまざまな経験から学びとること、さらに官民連携、農協と民間企業の連携、民間企業同士の連携などが小農にもたらす影響などの評価を盛り込むこと」(CFS 37, *Final Report*, October 2011)。

とりわけ、世界の飢餓人口の大多数が逆説的にも小規模経営であることから、農業投資、とくに小規模経営への投資は、無条件で必要であることが認められている。このテーマを論じる、われわれの仕事のたいへん明確な特徴について強調して

序文

じる際、まずわれわれが議論の対象とするもの、つまり、小規模農業とは何なのかについて、理解する必要がある。そして、まさに小規模農業の将来について、じっくり検討しなければならない。われわれは、各国の状況や歴史的経緯によって、小規模経営に対してきわめて対照的な見方に直面することが多い。農業投資の大多数は、農民自身によって行われている。したがって、主要な問題は、小規模経営が投資できるようになるには何が必要なのかを、よりよく理解することである。

本報告書は、HLPEによる分析と勧告からなっており、その内容は2013年5月13～15日に北京で開催された運営委員会の会議で承認されたものである。まもなく報告書はCFSで報告される。

HLPEは、CFSに承認されたたいへん特徴のある運営規則に基づいて運営されている。その規則は、科学的正当性とプロセスの信頼性、透明性およびあらゆる種類の知識に対して開かれていることを保証するものである。本報告書を作成するに当たり、きびしい時間的プレッシャーの下で私たちを助けてくれた数多くの専門家に、賛辞を送りたい。最初に、HLPE運営委員会の副議長であるマリアン・ラマニアン氏と運営委員会すべてに対して、2013年5月の運営委員会での報告書の承認に至るまで、研究の指導と監督のために懸命に

取り組んでくれたことに感謝したい。彼らはこの仕事のために、自らの時間と知識を自発的に提供してくれた。CFSの「運営委員会の監督行動規則」により、プロジェクトチームは「運営委員会の監督の下で」仕事をしている。本報告書のために、特別の謝意を表したい。プロジェクトチームのリーダーであるピエール＝マリー・ボスク（フランス）、プロジェクトチームのメンバーであるフリオ・ベルドゥゲ（メキシコ／チリ）、ママドゥ・ゴイタ（マリ）、ヤン・ドゥエ・ファン・デル・プロ（オランダ）、関根佳恵（日本）、および張林秀（中国）の各氏にも、賛辞を送りたい。そして、外部の査読者、および報告書執筆前の段階と第一草稿に対して意見を寄せてくれた数多くの専門家に対しても、お礼を申し上げる。彼らはHLPEを支えるあまたの専門家の世界的規模の団体を構成する人たちである。

さらに、この任務に対する資金提供者のみなさんにも、お礼を申し上げたい。HLPEは外部資金から財源を得ていることから、HLPEが任務を遂行・存続するための基盤を提供してくれるこの自発的なサポートには、感銘深いものがある。

以下の三つの重要な理由から、CFSより要請を受けた本報告書がタイムリーに発表されることを希望するものである。

17

第一に、本報告書は、2013年10月に開かれるCFS次期会議での政策論議を促進するものでなければならない。第二に、責任ある農業投資の原則に関するCFSのもっかの仕事と、本報告書が関連したものになることが望ましい。最後に、2014年を目前にして、本報告書がこの「2014国際家族農業年」を準備するにあたって重要な貢献ができるものと信じている。

CFSに任命されたHLPE運営委員会は、2013年に刷新される。後任の議長と新しい運営委員会に、祝意を表したい。そして、HLPEのコーディネーターであるヴァンサン・ジット氏の不屈の努力ならびに特別な献身と先見性に対し、賞賛と熱意を表したい。本報告書は、他の報告書と同様に、彼の献身と尽力によるところが大きい。

最後に、HLPEの運営の最初の数年間におけるCFSの議長と委員達、そしてCFS事務局とCFS顧問団の励ましに対して、心からの感謝の気持ちをここに記したい。

結論として、本報告書は小規模経営に対する新政策を求めている。小規模経営は世界の農家世帯の大多数を構成しており、世帯、国、そして世界の食料保障に対する貢献は、不朽のものである。2014年は「国際家族農業年」として、国連に公認されている。強調されるべきは、小規模経営は持続的な農業生産力の上昇を担うことが可能だということである。小規模経営がもつ潜在能力を解き放つには、小規模経営が投資制約を克服できるようにしなければならない。本報告書が、すべての国において、以下の五つの要素を含む新政策が小規模経営にもたらされる手助けとなることを願うものである。

①土壌の健全性の保護と強化
②すべての水資源の持続的な管理と「水一滴当たりの作物と所得の向上」運動の開始
③適正な技術と投入財の拡張
④必要な信用と保険の提供
⑤確実で有利な市場機会の保証

これらすべてのプログラムは、女性農業者が必要とする託児所やデイケア施設、また信用、保険、技術および市場へのアクセスが提供されるような支援システムを確実なものにするためにも、実現されなければならないのである。

M・S・スワミナサン

HLPE運営委員会議長、2013年6月24日

【注】

(1) この手順については、付録4でより詳しく述べている。

要約と勧告

2011年10月、世界食料保障委員会（CFS）は、専門家ハイレベル・パネル（HLPE）に対して、以下のような報告書の作成を要請した。「小規模経営の農業投資に制約があることについて比較研究を行い、制約解決のために異なった文脈での政策的選択肢を示すこと。その際、このテーマについて国際農業開発基金（IFAD）、国連食糧農業機関（FAO）の農業委員会（COAG）での議論、およびこれらの機関の主要な提携者が発表した成果を踏まえること。また、小規模経営を全国および地域市場の食料バリューチェーンと結びつける戦略の比較評価、さまざまな経験から学びとれること、さらに官民連携、農協と民間企業の連携、民間企業間の連携などが小規模経営にもたらす影響の評価を盛り込むこと」(CFS 37, *Final Report*, October 2011)。

こうした課題に取り組むためには、まず小規模農業について定義し、本書が扱う投資の範囲と目的を理解し、小規模農業に関する問題を幅広い観点から組み立てる必要がある。その際、小規模農業による食料保障への貢献や小規模農業の将来の経路を含め、国や地域の多様な状況を考慮に入れなければならない。

世界では、14億人が極度の貧困状態にある（1日1・25ドル未満で生活している）。その7割が農村地域で生活し、そのほとんどが農業で生計の一部（または全て）を立てていると推計されている。こうした理由から、喫緊の課題である貧困削減のために、小規模農業のあり方が中心的な課題として議論の俎上にのぼっているのである。

主要な報告

1　小規模農業とは何か

1. 「小規模農業」に関する定義は、数多く存在する。それぞれの定義が、小規模経営の農家数の計測に示唆を与えており、また小規模経営が求める投資について、われわれの理解を助けてくれる。したがって、定義をめぐる議論は些末な問題ではないし、単に学問上の問題でもない。それは、小規模経営の現実の政策に示唆を与えるとともに、現実の暮らしに影響を与える問題なのである。

2. 小規模農業とは、家族（単一または複数の世帯）によって営まれており、家族労働力のみ、または家族労働力をおもに用いて、所得（現物または現金）の割合は変化するものの、大部分をその労働から稼ぎ出している農業のことである。ここでいう農業には、耕種、畜産、林業、および養殖業が含まれる。小規模農業は家族によって営まれているが、その多くは女性を世帯主としており、生産、加工、販売の諸活動において女性は重要な役割を果たしている。

3. 「小規模農業」について厳密に定義しようとしたり、「一つの定義で小規模農業の全体をとらえ」ようとすることは不可能である。小規模農業については、リージョナル、ナショナル、ローカルの各レベル固有の状況によって、また経済の構造転換に伴う各時期特有の状況によって、数多くのバリエーションがある。小規模農業を一定の経営規模だけで測ろうとすることは、間違いであろう。小規模経営が「小規模」であるのは、持ち合わせている資源（とくに土地）が乏しいためである。小規模経営は、資源を利用して基本的なニーズを満たし、持続可能な生活を営むことのできる水準の所得を得ようとしていることから、生産要素全体の高い水準での生産性が必要であり、そのためには相当水準の投資が求められる。

4. また、小規模農業は、二つの対極的な経営形態と対比させることによっても定義される。二つの対極的な経営形態とは、雇用労働力に依存した商業的大規模経営と、土地なし労働者である。

5. 小規模経営にとって、農外活動は重要である。農外活動は副収入をもたらし、リスク分散につながるため、農業に影響するような外的ショックに対する回復力の向上につながる。農外活動は、先進国でも発展途上国でも農村経済に共通する特徴であり、小規模経営を支える投資の機会を提供している。

6. 同時に、小規模経営は、生産・消費の社会的単位であるとともに、農業労働力の供給源でもある。小規模経営において、生産の側面と家庭の側面とは密接に関わっている。この二つの側面がつながっていることから、外的ショックやリスクが生産と家庭の両側面に及んでしまうと、小規模経営にとって投資を制約してしまう場合がある。他方で、こうしたつながりは、地縁・血縁関係による互酬的なつながりによって、農村社会に回復力をもたらす場合もある。

7. 今日どの地域においても、どのような小規模経営とも社会的・経済的な面で完全に切り離されている小規模経営はほとんどないが、完全自給またはそれに近い形態の農業を営んでいる現金所得を補うために食料を自給している。これらの経営は、少ない現金所得を補うために食料を自給している。小規模経営は、おもに労働力の供給を通じて市場経済の一部を構成しており、食料保障は農業生産活動に左右されるが、ここでいう農業生産活動は、必ずしも市場出荷のものばかりではない。

8. 小規模経営の家族は、集団レベルでは社会的ネットワークを形成しており、そこでの相互扶助と互酬関係が、共同投資（おもに労働力を融通し合うことによる）〔注〕と連帯意識の醸成につながっている。政治的自由が与えられていれば、農村部の生産者組織や地域開発団体に参加していて、

市場へのアクセスや市場の力、生産資産へのアクセス等の必要なサービス供給を高めたり、公共政策の論議の場で発言することができる。

〔注〕ここでは、日本の結（ゆい）のように、農村社会で広く見られる協働を指している。

9. 小規模農業の重要性と多様性を評価し、有効な政策を立案するためには、より精緻で広範囲のデータが必要である。耕地面積の規模だけでなく、過去に行われた投資の結果である資産構成や生産、所得源に関するデータも必要である。現在、このようなデータは世界全体で入手できるにすぎない。FAOの世界農業センサス（WCA）では、世界のすべての国で国レベルセンサスが入手できるにすぎず、数ヵ国で国レベルセンサスの実施方法についての立案・編成を行っているが、以下の三つの困難に直面している。
（i）センサスを実施する手段、関心、および能力を、全ての国が有しているわけではないこと。世界農業センサスが実施されたのは、前回は114ヵ国にとどまっている。（ii）各国によって焦点が異なることから、データが、必ずしも均質かつ比較可能なものではないこと。（iii）データが生産統計とリンクされていないため、経営類型に応じて各国の生産データと世界の生産データとを結びつけることが難しいということ。

2 なぜ小規模農業に投資するのか

10. 小規模農業は、多くの国の食料保障の基礎であり、すべての国の社会・経済・環境面で重要な要素を構成している。都市化ならびに市場の統合化、グローバル化につれて、小規模農業部門は大転換を迫られており、国家にとって極めて重要な関心事になっている。この大転換は、多くの場合、小規模経営の利益に反するものであるが、それは不可避なものでも偶然の出来事でもなく、社会的な選択なのである。こうした転換は国や地域の状況に応じて多様なパターンをもたらし、その結果、小規模経営と大規模経営との比率や農村経済の多様化に影響をもたらすことになる。

11. 西側諸国やアジア、ラテンアメリカの一部の国では、構造転換を経験してきた。その背景には、集約的な資源利用、他産業での雇用創出力、および国内外への大量の移民排出の可能性があった。人口構成や経済パターンは、新たな参入者を労働市場に吸収するという非農業部門の雇用創出に絡んでくるが、今日では人口構成や経済パターンは地域によって大きく異なっていることから、上記の国々が構造転換を遂げた時代とは状況が大きく異なっている。

12. 小規模経営は、世界の食料保障と栄養供給に貢献し、小規模経営の存在する地方では、それ以外にも関連する投資する役割を果たしている。史実が示すように、政策と公的投資による適切な支援が行われれば、食料保障、食料主権、経済成長、雇用創出、貧困削減、周縁化された社会グループの解放、空間的・社会経済的不平等の是正に大きく貢献する能力が、小規模農業には備わっている。さらに、政治的・制度的環境の中で、生物多様性や自然資源の持続的管理、文化的遺産の保護にも貢献することができる。

13. 小規模農業は、世界の食料保障と栄養供給において、直接的にも間接的にも貢献している。つまり、生産と消費が多くの農村世帯では結びついていることから、小規模農業は直接貢献している。また、(a) 国内市場に主要な食料品を供給していること、(b) 供給が潜在的弾力性を備えていること、(c) 多くの国で社会的セーフティネットとして機能していることによって、小規模農業は間接的にも貢献している。

14. 大規模農業と比較して、小規模農業が潜在的には効率的であることが幅広く報告されている。そこで注目されているのは、多様化した生産システムの中で家族労働力を活用することによって、小規模経営が単位面積当たりでは高い生産水準を達成する能力を有しているところにある。

15. 全人類を養わなければならないという予想される課題を

前にして、われわれは自然資源の持続的利用と環境負荷の軽減に対して、よりいっそうの注意を払う必要に迫られている。地球規模では、とくに化石燃料、水、土壌肥沃度、およびバイオマスの枯渇に注意しなければならない。そのような中で、効率的で持続的な小規模農業の事例が多数報告されている(中国、ベトナム、コスタリカ、グアテマラ等)。これらの事例は、小規模農業が経済的・社会的・環境的に効率性の高い方法で農業生産を組織していることを示している。

16. 小規模経営を一定の経営規模で測ることには限界があるが、81ヵ国の比較可能なデータを編集してみると明確な像が浮かび上がってくる。世界の人口の3分の2、農地の38%を捕捉した同データによると、経営耕地面積1ha未満の農家数は全体の73%であり、2ha未満の農家数は85%であった。2ha未満の農家の大半はアジアにみられ、アフリカでは80%の農家が2ha未満であった。発展途上国における小規模経営の数は、合計で約5億世帯にのぼった。世界農業センサスによると、中国には約2億世帯の小規模経営があり、世界の農地の10%を占めるにすぎないが、食料生産では世界の20%を生産している。これは、大規模農業に比べて小規模農業が高い生産力を実現できることを示した重要な証拠である。

17. 先進国でも小規模経営は変化してきたが、消滅はしていない。大規模経営偏重政策によって、小規模経営は政策的には無視されてきたが、国全体の状況に応じて、しばしば農業を農村部の農外経済活動と結びつけることによって、今でも経営体数では重要な地位を占めている。

3 誰が小規模農業に投資するのか

18. 小規模農業に対する投資のほとんどが、小規模経営自身によって行われている。この投資は多様な形態で行われるが、おもなものは資源基盤を拡大・改良するために行われる労働投資である。その他にも、新たな追加的資源の獲得に使われる個人貯蓄や家族からの送金も、若干は存在する。しかし、食料、医療、および教育の面でリスクを抱えているときには、家庭のニーズが優先されるため、農業投資は限られたものになってしまうことになる。

19. 農業に対する農業のための公共投資は、1980年代以降、大きく減少してきた。国レベルでも国際的にも、農業が長年顧みられてこなかったことは、今や共通認識になっている。多くの農業銀行(そのほとんどが国とのつながりや、国の支援を受けていた)が姿を消し、改良普及サービスや応用研究、インフラ・プロジェクトへの投資は198

0年代半ば以降減少してきた一方で、国内市場向けの生産を（専らではないが）おもに行う小規模経営向けの輸出志向型の大企業が優遇されてきた一方で、国内市場は無視されてきた。大企業やその他の民間企業が、農家に対して適切な市場サービスを提供し、技術面でも知識を提供することによって、農家の水準が市場の要求にかなうレベルにまで引き上げられるという期待が、これまであった。しかし、そうした恩恵に浴したのは一部の地域にすぎなかったし、小規模経営がその利益にあずかることは稀であった。小規模経営全体からみれば、大企業や民間企業との取引に参加できたのは、ごく少数の農家にすぎなかったのである。

21. こうした状況を受けて、共通の目標に向けて民間投資をよりうまく動員・誘導するために、官民連携（PPP）を有効活用することへの関心が高まっている。PPPという総称的な用語は、官民の主体による多様な連携を指す言葉であり、当初は大型の投資プロジェクトや研究・技術開発において用いられていたが、現在では農業分野においても力点がおかれるようになっている。多くの政府が、PPPの法的な枠組みづくりに取り組んでおり、農業分野も例外ではない。本報告での課題は、小規模経営のためにPPPの枠組みをどのように機能させるか、小規模経営をPPPの枠組みにどのように組み込んでいくのか、ということである。

4 小規模農業への投資に対する制約要因とは

22. 小規模経営は、投資が必要なときに相互に関連した多様な制約要因に直面する。貧困、高い水準のリスク（個人的、自然的、技術的、経済的、金融的リスク）、農地の細分化、経済的・制度的環境による投資意欲の欠如、適切な市場へのアクセスの困難、政策論議における小規模経営組織の発言力の弱さは、いずれも小規模経営の投資に対する制約要因となる。

23. これらの多様な制約は、（a）資産、（b）市場、（c）制度の三つの側面に分けることができる。これらの側面は、多様な投資制約を理解する基礎となるだけでなく、制約を克服するための糸口にもなる。

(a) 第一の側面は、自然資産および生産資産である。これらの資産には、物的資産、金融資産、社会資産、および人的資産が含まれる。投資決定は、小規模経営の資産基盤全体をみながら行われる必要がある。資産の中でも農家の有する自然資源の賦存状況は基本的な要素であるが、たとえ経営規模が小さくても、投資によって経営を改善することは可能である。土地や自然資産

（とくに水）へのアクセスが制限されていることは、小規模経営、とくに女性にとって最もきつい制約要因となる。土地や水資源へのアクセスにおいて極度に配分が偏っていると、小規模経営の生産の可能性を著しく妨げることになる。

(b) 第二の側面は、市場および市場の行為主体である。価格の乱高下、適切な市場（金融市場を含む）へのアクセスの欠如、団体交渉力の欠如、高い取引費用といった好ましくない状況は、小規模経営の投資意欲を減退させるか、もしくは投資ができない状況に陥らせてしまうことになる。

(c) 第三の分野は、制度ならびに政策設計である。適切な政策設計は、革新的で機能的な制度的環境と同様、不可欠なものである。小規模経営組織や集団行動も重要であるが、彼らの基本的権利が認められていない場合もあり、小規模経営が政策設計に実質的に参加するまでには、まだまだ障害が多い。

5 制約を乗り越え、小規模農業への投資を強化するための戦略とは

24. 小規模農業の潜在力を引き出すためには、小規模農業への投資能力を制限している制約要因を削減・除去しなければならない。第一に目指されるのは、小規模経営自体による投資を支援することであるが、その投資能力は、集団行動、民間企業のイニシアティブ、および公共財といったその他の小規模経営に関連する投資のあり方に依存している。

25. 小規模農業への投資をより有効に進めていくためには、個々の政策を（互いに妨げ合うのではなく）互いに支援し合うような形で総合化する必要がある。例えば、研究・普及に対して適切な投資がなされたとしても、小規模経営にふさわしい新市場への参入・創出に対する投資が伴わなければ、小規模農業への投資は必ずしも改善されないであろう。同様に、インフラ整備への投資は、その投資が小規模経営にとって適切な生産モデルや市場の創出を支える形で行われるならば、より高い効果を発揮する。さらに、こうした投資は、小規模経営の土地保有権を保証しない限り、初期の目的を達成することはできないだろう。

26. 農業・農村開発のガバナンスは、小規模農業が開発において担う多面的な役割を支えるような形で計画しなければならない。一般に、伝統的な農業関係の省庁は、こうした役割を果たす力量には欠けている。過去の経験から言えるのは、個別の分野や各省庁が実施する政策の有効性は、調整し合うことによって互いに補強されるということである。

そのためには、関係省庁、行政機関、利害関係者の間で、国レベルでの具体的なガバナンス・調整メカニズムが欠かせない。

27．農業全体、とくに小規模農業は、小規模経営ならびにその食料保障に対してプラスのみならず時にはマイナスの影響も与えるような大転換に、総じてさらされてきた。しかし、このような転換は不可避ではなく、明示的または暗黙のうちに行われた政治的選択の所産であり、主要な国家的利害の所産であることがかなり多い。こうした政治的選択においては、国の特性に応じて、小規模農業の社会的・経済的・環境的機能の重要性を認識・支援することが重要である。政治的選択や政策が適切になされるためには、小規模経営組織を巻き込んで、透明性の高い政治プロセスを実現しなければならない。

28．小規模経営の投資と投資能力を強化するための協調行動は、以下の三つの行動で表すことができる。それは、小規模経営をとりまく資産、市場、および制度を改善することである。これらの行動は、農業に限らず、非農業活動にも適用できるだろう。以下で詳しく述べよう。

（a）小規模経営の自然資産および生産資産へのアクセスの向上。多くの小規模経営コミュニティにおいて、土地へのアクセス、土地保有権、および共有財産・資源の利用権を保証することは、小規模経営の暮らしにとって極めて重要である。資源へのアクセスが保証されていれば（そして小規模経営の家族労働力の生産性を高められるような適切な動機と制度環境があれば）、小規模経営の家族は、投資をさらに拡大できる所得水準が得られるようになるだろう。このことは、小規模経営の効率性と生産高を改善するために行われる小規模農業への投資は、経営規模を拡大しなくても実現できるということを示唆している。

（b）小規模経営の市場アクセスの改善。小規模農業は、取引費用を引き下げ、インフラを整備し、公共投資を要所に行うことによって、市場アクセスを改善することが求められる。さらに、どのように投資をするのか、また、どのような利害関係者と連携し、農家レベルまたは地方レベルで付加価値を高め、維持するのかという問題もある。小規模経営にとって有利な状況をつくり出すには、新しい市場を創出し（例えば、消費者と生産者との間の距離を縮める「産直」や、公共部門における調達〔注〕）、既存の市場に対する規制のあり方を変えていく必要があるだろう。とくに、公共投資と民間投資とを結びつける適切な戦略によって、生産者と消費者の双方にメリットがもたらされるように、国

内市場の効率性を改善することができる。

[注] ここでは官公庁、国公立の学校、および病院等における給食の食材を、小規模経営から調達することを指している。

小規模経営にとって、契約農業が有益であるか否かについては、これまで論争のテーマになってきた。契約農業は、小規模経営が直面している問題に対する魔法の解決策ではないし、世界中の小規模経営に適用できるわけではない。しかし、契約農業には潜在力があることから、契約農業が小規模経営を排除せずに公正で透明性の高いものになるためには、一体どのような経済的・制度的条件が必要なのかについて研究することを、本報告では提案している。そうした研究の中には、契約農業が小規模経営の世帯レベル以上の食料保障に与える影響や、付加価値が利害関係者の間でどのように分配されているかについての説明責任の仕組みを監視することも含まれる。革新的な信用貸付制度へのアクセス、市場アクセスを改善するための物的資本・社会資本および共有資産への共同投資は、いずれも小規模農業の競争力を高める上で不可欠である。

（c）諸制度が小規模経営のために機能すること。国家は、市場関係を規制する上で主要な役割を担っている。したがって、（必要に応じて）国家の権威と能力の再確立に向けて投資を行い、（資源配分に関する説明責任を果たすことを含め）小規模経営の発展を支援する上で効果的に活動できるように、公共部門の能力を再建・強化することが重要である。また、国家と地方自治体は、小規模経営の諸権利を承認・強化する上で主要な責任を負っている。例えば、土地・水へのアクセス権や、何よりも土地保有権と地域の共有資源へのアクセスを保証することは、欠かせない。

大半の農業開発プログラムは、技術主導の集約化を通じて生産性向上を図ることを目的に計画がなされてきた。だが、生産性は重要ではあるものの、その他の開発目標、とくに農家経営の弾力性も、考慮しなければならない。研究・普及システムは、小規模経営の必要性に合わせた適切なシステム・実務を計画・促進することによって、小規模農業経営への投資を強化することが極めて重要である。例えば、投入財をより効率的に利用し、農業労働の苦痛を軽減できるような農業生態学的アプローチ、および他の持続可能な集約的実践があげられる。

29. 公共財への投資は、農村住民の貧困削減や地域間格差の是正には欠かせないものである。それには、農業分野の研究・普及への投資だけでなく、道路、通信、電気、灌漑、

教育、医療、水および衛生設備といった、農村住民にとっての基礎的公共財への投資も欠かせない。家族労働力は、小規模経営にとって第一の、そして最も重要な財である。栄養不良、安全で入手可能な飲料水の欠如、疾病、教育の欠如、極めて不平等なジェンダー関係等、これらは全て家族労働力の質と量を損なうものである。したがって、最低限のニーズを満たすことが無条件に求められている。小規模経営によりよいサービスを提供することで、よりよい投資を行うことができるようになるだろう。それは農業だけでなく農外活動にも及んでおり、現金所得や送金をもたらし、ひいては農業への投資につながるだろう。

30．小規模経営の投資能力を改善するためには、集団的な発言力をあらゆるレベルで強化することが、重要な課題として残されている。小規模経営の組織自体も、市場主導型経済の中で組織の構成員に役立つような投資について熟慮しなければならない。そして、これらの組織がより有効に構成員の役に立ち、彼らの利害を代弁するようになるには、公的支援を必要とするだろう。

31．貧困、栄養不良、および飢餓に対する政策を有効に機能させるためには、食料への権利を尊重することをその基礎におかなければならない。食料への権利とは、食料保障を持続的に享受する上で必要な食料と資源へアクセスするた

めに、個人に権原を与える（そして国家に法的義務を負わせる）という点で、食料保障とは異なっている。小規模経営が食料への権利を手にするためには、彼らの生産能力と所得獲得能力に対する投資を改善する必要がある。

勧告

小規模経営は、生産力の引上げ、食料保障と栄養供給を含む自らの福利の改善、および環境悪化の是正に努めるとともに、彼らが営む農業への主たる投資者である。その上でしか、政府や援助資金提供者は小規模経営の投資が可能となるような政策や公共財を提供する役割を負っている。以下では、政府、援助資金提供者、およびCFSに対し、小規模経営自身の投資を支援する政策と公共投資を行う。この勧告は、CFSが現在行っている責任ある農業投資の原則についての審議でも、議論の材料となるであろう。

1　国家戦略の開発と政治的決意の喚起

a　小規模経営の投資に関する国家戦略

政府は、小規模経営部門が国家の発展において多様な役割を果たす能力を高めるため、政策的および予算的措置をとも

なう中長期的戦略を策定し、実行しなければならない。小規模経営の多様な役割には、成長への貢献、雇用の維持、貧困の削減、自然資源の持続的管理の強化、および食料保障の実現が含まれる。この小規模経営の投資に関する国家戦略は、何よりもまず小規模経営の組織と関連利害関係者の参加を得て構築されなければならない。

b 市民権とその他の諸権利

政府が小規模経営の個人の権利、および団体の権利を法律で認めていない場合には、早急にこれらの権利を認めなければならない。これらの権利には、彼らが民主的に自らを組織し、政策論議の場で声をあげ、自らの利益を守るための権利が含まれる。そして、小規模経営の組織をつくる際には、年齢とジェンダーのバランスがとれた組織にする必要がある。これらの権利を保証することは、小規模経営にとって本質的に重要であるだけでなく、先に提案した小規模経営の投資に関する国家戦略を実行するために必要な政治的決意を固めることにも貢献する。

c 小規模経営の食料への権利の実現

小規模経営は、他の人びとよりも栄養不足や飢餓にさらされている。彼らは、自給や生産物の交換、および現金所得に

基づく市場での調達を通じて食料にアクセスしている。したがって、注目すべきは彼らの購買力の改善だけではなく、小規模農業における生産財へのアクセス、および土地生産性や労働生産性の向上である。これは、小規模経営の食料と栄養を保障するために、適切な訓練、技術、支援サービスを、彼らの権利として提供することで実現されるべきものである。

2 自然財へのアクセスの獲得

政府は、小規模経営による土地や自然資源の保有を保証しなければならない。そのために、土地、漁場、および森林の保有に関する責任ある管理についての任意ガイドラインを提示する必要がある。また、政府は、共有財産や資源の管理における協同と管理のあり方を改善するために、必要な対策をとらなければならない。ここでいう共有財産・資源には、共有の放牧地資源、生物多様性、水、森林および漁場が含まれる。土地や自然資源の利用における女性の権利がもっと広く認められ、強化されねばならない。政府は、すでに農地改革を実施した国々の教訓に学びながら、農地改革を含むあらゆる手段を通じて土地へのアクセスを改善するべきである。

3 良好な投資環境の提供

a 公共財へのアクセス

小規模経営の投資努力を支援するため、小規模経営が生産部面でも消費部面でも公共財へ十分にアクセスできるようにし、両部面に関わる公共財が互いに補強し合うようにする必要がある。生産部面では、例えば農業用水管理施設や土壌保全のための公共投資が求められている。消費部面では、医療サービス、教育、水と衛生施設、および社会的保護に対する公共投資が必要とされている。これらの消費財は、小規模経営の労働生産性を向上させ、彼らの生産部面を強化する。ジェンダーへの特別支援サービスでは、生産、消費、および将来に向けた家族の再生産において家族構成員ごとに役割が異なっていることを認識する必要がある。小規模経営が公共財と公共サービスに公平にアクセスできるようにすることは、政府の責任であると同時に、彼らの福利と競争力を保証する上で不可欠である。

b 市場へのアクセス

政府は、小規模経営と国内の全国市場や地域市場をつなぐことを優先課題にすべきである。また、生産者と消費者を直接つなぐ新しい市場の創出も重要である。さらに、学校給食や社会的な栄養改善プログラムのための食料調達を小規模経営から行うことも必要である。こうした市場を開発するには、中小規模の食品加工業者、小売り、卸売りレベルの小規模な流通業者に対しても投資することが求められる。市場の失敗や価格乱高下は、小規模経営の投資意欲を妨げる最たるものだ。市場における取引費用を低減させ、価格と小規模経営の所得を安定化するためには、政府による介入が重要である。バリューチェーンにおける契約機会について、政府は必要な規制措置を整備するために努力しなければならない。こうした規制措置により、小規模経営やその組織と契約企業組織間の経済的・政治的力の大きな格差を是正する必要がある。

c 金融サービスへのアクセス

小規模経営の金融サービスへのアクセスは、緊急に改善されなければならない。しかも、その金融サービスは、彼らのニーズに適したものである必要がある。この改善のためには、貨幣取引の簡便化（例えば、携帯電話を用いた貨幣取引）、安全な貯蓄（および貯蓄奨励）、低利融資（例えば共同責任グループを利用する貸付け）、保険（例えば指数方式での気象災害保険）などが考えられる。金融リスクを減らし、取引

費用を引き下げ、長期的投資を容易にするような新しい解決策が求められている。例えば、サハラ砂漠以南のアフリカ諸国では、新たな金融サービスを通じて技術革新と土壌の肥沃度の改善が図られた。資金の流動性は、肥料や種子といった流動資本に対する支出に対してだけでなく、中長期的な投資に対しても高められるべきであって、それには政府による適正な助成メカニズムによる支援が必要である。

4 研究と普及を通じた生産性の向上

小規模経営に照準を合わせて国家レベルの研究・普及体系を改善し、予算をつけることが喫緊の課題である。また、こうした研究・普及を支援するような財政機構が必要である。その主要な目的は、栄養価の高い多様な食料の自給を考慮した、生産体系の多様化を通じて実現される生産力と弾力性の向上である。生産力と弾力性の向上を結びつけるには、高水準の研究投資が、生物多様性の保全と生産力引上げを両立させ、環境リスクを極力抑えつつ生産力を引き上げる土地利用体系の開発に向けられることが欠かせない。気候変動に直面している今日、農業研究と普及は農業に関わる生物多様性の保護を支援しなければならない。これには、農業生態学的アプローチや生産と環境保護に関する原則が役立つだろう。小

規模経営は、農場で用いる適切な種子や機械、および食品加工やその他の高付加価値化を必要としている。小規模経営向けの技術開発のために、世界の多様な地域における経験の共有や国際協力が促進されなければならない。そこでは、小規模経営の組織が、リーダーシップはとれないまでも、積極的な参加が求められる。

5 農外への投資 ── 農村の農外経済部門と地域開発への投資 ──

a 所得源の多様化

小規模経営が貧困や栄養不足の状態を脱するためには、農村で農業外の補完的所得源を求める必要がある。農村での農業雇用がうまくいけば、それは農家経済を強めることで、農業投資を支えるための資金力を高めることにつながる。そのため、投資は農村の農外経済部門や農村地域に向けた経済活動の分散化をサポートするかたちで行われるべきである。投資は同様に、若者が近代的農業やその関連産業、および労働市場で雇用されるように訓練し、資格を与えるような形でなされる必要がある。地域開発は、農業および地域の農外経済部門に対する公共投資と民間投資を調整する有効なプラットフォームを提供することができる。

b　農業農村開発のためのガバナンス

農業や小規模経営にとって大規模な市場の失敗が生じた場合や、公共および民間の投資とプログラムに地域的視点に立った調整が求められる場合、適切なガバナンスが必要となる。農業開発や地域開発のためのガバナンスは、従来の農業関係省の政策の領域を越えて行われる必要がある。各国の政治的・制度的状況に合わせて、多様な解決策を編み出していかなければならない。包括的アフリカ農業開発プログラム（CAADP）や世界農業食料保障プログラム（GAFSP）からは、小規模経営を支援する投資については、国と地域それぞれの最良のやり方を考えるべきだという教訓が与えられている。

c　小規模経営部門に関する最新の情報

小規模経営の投資に関する国家戦略の策定のためのより綿密な情報提供を行うには、国際機関、とくにFAOは各国政府と協力して、小規模農業の展開とそれが多様な分野で貢献していることについて、より詳細に記録する必要がある。例えば、小規模経営による市場出荷されない食料の生産や、食生活の多様性に関する統計は、投資決定にしっかりした根拠を与え、比較分析ができるものでなければならない。国際基金による各国のセンサスや関連調査実施の支援が求められる。

世界食料保障委員会への勧告

1．小規模経営の投資の自給と生産物の交換や市場取引を通じる食料保障を実現する上での重要な役割からすれば、しかも彼らの多くが食料確保に苦しんでいる状況からすれば、世界食料保障委員会（CFS）は重要な役割を負っている。CFSは、小規模経営への権利を保証するため、各国の事例や教訓を共有するプラットフォームを創設し、必要な手段、プログラム、および政策についての各国の意識を高めるべきである。

2．小規模経営の投資に関する国家戦略を支援するため、CFSは国際農業開発基金（IFAD）や世界銀行、2国間の投資機関、および地域開発銀行に働きかけ、いくつかの国でこうした戦略の策定と実施、モニタリングのパイロット事業への融資を促すべきである。こうした取り組みは、近年報告されている研究成果に基づいて行われる必要がある。パイロット事業の結果は、この複雑な問題に対する分野を越えた政策設計を評価し改善するための手段として、CFSに提供されるべきである。

3．契約農業と官民連携（PPP）は、小規模経営の食料保

32

障を改善する機会を提供するだろう。契約農業とPPPによる利益を最大化し、その公正性と食料保障への影響を改善するため、すべての国が同意する実施可能、かつ監視可能な枠組みを小規模経営自身の参加のもとにつくる必要がある。CFSは、小規模農業への投資に関わる契約農業やPPPについてガイドラインを作成し、これらが小規模農業を排除しないような仕組みをつくるという課題に積極的にチャレンジするとよいだろう。

【注】

（2）本報告で小規模農業というときは、おもに耕種部門および畜産部門を念頭に置いている。しかし、本報告の分析や勧告の中には、その他の部門にも適用できるものがある。漁業および養殖業に関わる特殊な問題については、HLPEの次期レポート（2014年発表予定）で詳しく扱っているので参照されたい。

序章

農業は長年、マクロレベルでもミクロレベルでも過少投資に苦しんできたが、その状況は今日でも変わっていない(World Bank, 2007)。『世界食糧農業白書』(FAO, 2012a)では、1980〜2007年に中・低所得諸国で小規模経営が手にした資本が低い水準にとどまり、サハラ砂漠以南のアフリカ諸国ではその水準が低下していることを確認している。同時に、世界の飢餓人口の圧倒的多数は、逆説的ではあるが、小規模な農業経営である(FAO, 2012a)。したがって、農業、とくに小規模農業への投資や、小規模農業を支援するための関連政策・制度の問題(FAO, 2010a)は、国際社会が最優先すべき政策課題なのである。また、この問題は、次の点からも今日決定的に重要である。第一に、官民の投資者が土地や水の利用を確保しようとする時代において、農業が大きく変化しつつあることである(HLPE, 2011a)。第二に、2008年の食料価格高騰により、食料保障を確実にもたらす市場の能力に対する信頼が揺らいでいることである(HLPE, 2011b)。

こうした経緯から、世界食料保障委員会(CFS)は、専門家ハイレベル・パネル(HLPE)に対して、以下の要請を行った。「小規模経営の農業投資に制約があることについて比較研究を行い、制約解決のために異なった文脈での政策的選択肢を示すこと。その際、このテーマについて国際農業開発基金(IFAD)、国連食糧農業機関(FAO)の農業委員会(COAG)での議論、およびこれらの機関の主要な提携者が発表した成果を踏まえること。また、小規模経営を全国および地域市場の食料バリューチェーンと結びつける戦略の比較評価、さまざまな経験から学びとること、さらに官民連携、農協と民間企業の連携、民間企業間の連携などが

小農にもたらす影響などの評価を盛り込むこと」(CFS 37, Final Report, October 2011)。

本報告は、食料保障における小規模農業の極めて重要な役割に焦点を当て、小規模経営の生産システムの複雑さと直面する制約条件について、世界的規模での農業の構造転換という幅広い観点から論じ、農業投資に関する活発な議論に資するものである。

＊

CFSの要請に応えるためには、まず、小規模農業への投資の範囲と目的を明確にする必要がある。そのためには小規模農業についての共通の理解を、食料・栄養保障を達成する際の全体的な役割の中に位置付けながら示す必要がある。「食料保障とは、全ての人がいつでも物理的・経済的に十分かつ安全で栄養のある食料を入手できることであり、その食料は活発で健康的な生活のために、食生活のニーズや嗜好に見合ったものでなければならない」(World Food Summit, 1996)。

小規模農業の食料保障への貢献は、食料保障の四つの側面との関係で検討しなければならない。四つの側面とは、①食料生産（入手可能性）、②生計と所得の提供（アクセス）、③多様な食事方法（利用）、④価格乱高下や市場関連のショック、またはその他のショックに対する緩衝機能（安定性）である。

小規模経営は、（食事の質や栄養面の問題など）慢性的な食料不安の状況におかれることがあまりにも多い。これは、食料自給が十分ではなく、わずかな所得と市場の不完全性ゆえに購入すべき食料が十分調達できないことによるものである。食料自給は、世帯にとって重要なセーフティネットの役割を果たしており、経済的な不確実性に対する保険にもなっている。また、小規模経営の食料不安は、文化的な規範・慣習に基づく家族構成員間の偏った食料分配によって、時には家庭内部で悪化することもある。

小規模経営は、大多数が貧しい。そのことが、需要の抑制による国内市場の規模縮小をもたらし、経済発展を制約しているのである。

換言すれば、小規模経営が食料保障に貢献する多様な方法を視野に入れ、小規模経営の貢献度が投資によっていかに高まるのかについて検討することが重要なのである。これは、小規模経営本人や農村社会だけでなく、都市人口の増加や畜産物需要の増大を考慮すれば、グローバルな食料供給者という役割も小規模経営が担っていることを意味している。また、小規模経営および農業に従事する農村人口が、一般には飢餓人口や栄養不良人口の大多数を占めているということも、念頭においておく必要がある。

農業および小規模農業への投資に関する議論は、その多様な状況や、小規模農業およびその将来に対する利害関係者の多様な見方によって、極めて複雑なものになってしまう。小規模農業とその将来に関する議論は複雑であるため今日に至るまで結論が出ていないが、以下の二つの相反する見方に代表される。

一方の説は、小規模経営は決して「競争力のある」存在にはなりえないというものである。小規模経営は最も貧しい部類の人びとであり、主要な政策は、社会的セーフティネットの提供や、彼らの子弟が移住して農外で就業できるような教育を中心に据えるべきであるというものである。この説では、やがて消滅し、グローバル市場と関わりをもち、農地をますます集中させて農業関連産業と強く結びついた近代的大規模農業経営へとしだいに置き換えられていくと想定している。この見方によると、ヨーロッパが産業革命期に経験したように、現在の小規模経営のうちのごく一部だけが「企業家」として農業にとどまるものの、その他の大多数は離農・離村しなければならないだろう。残った「企業家」たちは、投入財や資本への依存度を高め、労働力の代替を進める生産モデルをさらに発展させるということになろう。

他方の説は、小規模経営は農地にとどまりながら、自らを変革していく存在になるというものである。小規模農民は、生産的で、効率的で、弾力性のある「近代的農民」になるだろう。小規模経営は、多様化した生産システムを通じて、都市に向けて健康的な食料を供給したり、自然資源の管理人になったり、大規模な商業的農業経営よりも化石エネルギーや農薬・化学肥料への依存度を低く抑えたり、生物多様性を保護したりする。必要に応じて農外所得に依存することもあるが、都市スラムにおける低水準の仕事や生活は避け、移住に伴う苦難を拒む。つまり、彼らには農業にとどまり、農村に住み続けるための十分な動機があるのである。小規模経営は、労働・知識集約型農業モデルの基盤を形成している。こうした経営は、活力ある濃密な農村経済において、とくに地場・地方市場向けに高品質の農産物を生産・加工しており、そこでは経営の規模拡大は不可避というわけではない。

実際のところ、単純化されたどの説よりもはるかに複雑である。農業（と小規模経営農業）の発展と転換は、多様な構造的趨勢に直面しながら、多様な経路をたどる可能性があるからである。こうした多様な経路のいくつかの例は、ブラジル、ベトナムおよび中国といった発展途上国において見出すことができる。近年、これらの国々では、農業や小規模経営部門が、激しい市場競争に直面する中で急速に変化しており、大規模な企業的農業経営を含む他の農業形態と小規

模経営とが共存している。この事例では、小規模経営の発展は、市場の力と同時に先見性ある公共政策や、いくつかの国では生産者組織を含む強力な市民社会組織（Civil Society Organizations, CSOs）の行動によってつくり出されているのである。

＊

投資とは、言葉の定義によると、未来に向けて行われるものである。投資がどのように、どこで、どのくらいなされるかは、農場、家族、事業または国家にまつわる幅広い利害関係者（農民、企業、公共部門の代表等）の見方に左右される。同様に、未来は投資によって方向づけられ、また条件付けられている。

農業の推移・発展の経路は、投資環境を形成するとともに、逆に投資の方向や性質によっても決定される部分が大きい。したがって、農業の発展は、暗黙の、もしくは明示された政策・制度の選択の結果なのである。これらの選択の中で最も主要なものは、法的枠組みであることが多い（土地保有制度、協同組合制度、租税・保険制度および社会保障制度等である）。一般に議論されているもう一つの問題は、特定の生産技術や生産モデルに投資がもたらす優先順位に関わる問題である。さらに、（土地や投入財、および生産物の）市場の役割と、小規模経営に対して公正で順調に機能するように市場

を改善するには何ができるかという問題である。小規模経営の圧倒的多数は、市場の大きな失敗によって、国内市場への不平等なアクセスや生産資源の利用をめぐる不公平な状態に対処しなければならず、かなり苦労している。例えば、種子・肥料市場や信用市場のうち、小規模経営の状況に見合った市場が存在しない場合すらあるのである。

公共政策との関連で重要な問題は、公共投資の規模と、農業にまつわる固有のサービス（教育、改良普及サービス、研究および農場における諸活動等）に的を絞ることである。言うまでもなく、これは国民経済や国民国家の投資能力に大きく依存している。実際、小規模経営を含む農民は、貧しい国よりも豊かな国の方が、より多くの支援を受けている。

結局、農業転換の問題は、経済全体の発展の問題と切り離すことはできないのである。ある国が国レベルで投資能力を生み出すとき、部門間のバランスが重要な問題となる。多くの国で農業人口が重要な位置を占めているため、農外部門への投資は重要であるかもしれないが、農業の将来を決定する。同時に、農業にとっても投資はかなり必要である。したがって、農業部門と農外部門との間で公共投資をどのように配分するかについても、議論しなければならない。

＊

小規模経営は、自らの農業に対する主要な投資者であるが、彼らがおかれている状況特有の投資制約に数多く直面している。第一に、小規模経営が直面するリスクの多い環境は、投資に対する二重の脅威となる。一つは農業生産高が期待していたものより低くなることで、小規模経営自身の投資能力が抑えられてしまう脅威である。もう一つは外的ショックに直面した場合に、既存の資産を一部売り払って急場を凌がなければならないという脅威である。生産の面では、技術的リスクである害虫、家畜疾病、気候変動、不規則な降雨や洪水の発生が、市場の価格乱高下と結びついて、農業生産高を、期待していたものより低くしてしまう。

農民はいずれも、(現在の生産に必要な種子、肥料および労働力に対して)投資をしなければならない。しかし、小規模経営においては、所得と資産に限りがあることが、直接投資したり信用を利用したりする上での制約条件になっている。自然ならびに生産における危険要因が、負債を増加させるかもしれない。家族労働力は、より報酬の高い農外活動に仕向けられることが多い。商業的農業経営では、家計と農場／会社の財務とは分離する傾向にあるが、小規模経営の農場では、家計と生産・経済とは緊密な相関関係にある。そのため、疾病等の家族のリスクや結婚といった人生の節目の行事がある、つまり、食料自給は所得創出と投資能力にとっての資産であり、制約条件でもある。食料自給は重要な要素である。彼らの食料保障戦略において、食料自給は重要な要素である。つまり、食料自給は所得に振り向ける資産を減少させることになるかもしれないのである。

小規模経営は、最低限の条件さえあれば、収益性を改善するために農業に投資することを強く望んでいる。その条件とは、第一に、小規模経営が危機的な水準を下回った家族の消費レベルをさらに落とすことなく、多様な資産にアクセスできる能力である。第二に、小規模経営に農場の技術的・経済的収益性が改善できそうな期待を抱かせる確実な投資環境である。第三は、小規模経営が官民のサービス利用によってより高い水準の生活条件を享受できるようになることであり、農業または生計の多角化によって農村生活が可能な選択肢であると考えられるようにすることである。

この最低限の条件を実現するためには、小規模経営による投資だけでなく、官民の利害関係者による一般的な投資が求められる。民間の利害関係者は、たとえ遠くてあまり恵まれた土地柄でなくても、農村に対する投資に関心をもっている。それは、彼らの市場シェアが低い地域では、今後躍進のチャンスがあるからである(例えば Chamberlin and Jayne, 2013を参照)。農村住民に基礎的サービスへのアクセスを保証し、彼らにより相応しい生活を提供するためには、公共投資が必

要なのである。

政府にとっては、農村を平穏に保つために農村地域へ投資することは、賢明な選択だろう。平和、秩序、そして安全保障は公共財であり、いかなる投資者にとっても基礎条件である。投資の安全性を保障する条件について、小規模経営が他の投資家と異なる考えを持って行動するなどありえるだろうか。

＊

小規模経営の投資制約を分析することは、極めて挑戦的な課題である。この課題に取り組むためには、世帯レベルで決定され、地域および国家の状況に応じて形成される現実について、グローバルに知ることが必要になる。この課題の難しさは、第一に、「小規模経営」という概念の定義自体にある。全ての小規模経営に共通するいくつかの特性をあげることはできる（こうした定義を行うことは、それなりに有用である）。しかし、経営規模や家畜飼養頭数、粗生産額といった基本的特性ですら、国によって大きく異なっており、農学、経済、社会のどの視点から見るかによっても異なってくる。

本報告では、小規模農業に関する共通の理解を打ち立て、小規模農業の定義に依拠して執筆することが重要である。この定義は、小規模農業を「定義」しようと試みている既存の論評や理論的・実証的研究に基づき、かつ重要な問題（市場

アクセス、契約農業、構造転換等）とも関係づけながら行わなければならない。

第二の難しさは、世界農業センサス（WCA）によって統計が相当進歩したとはいえ、小規模経営に関する入手可能なデータ（生産や所得等）は世界的にバラつきがあることである。本報告で示した図表は、前回の世界農業センサスの際に各国機関が収集したデータを用いて作成している。このデータは、世界人口の約84％に当たる国々をカバーしている。また、事例をあげるために、査読付き雑誌論文、各国のデータベース、出版または公開されている（一部は必ずしも査読付きではない）現地調査研究等の多様な情報源を用いた。

＊

本報告で扱う問題は、先進国と発展途上国の双方に関わる問題である。先進国と発展途上国との間にはかなりの違いもあるが、小規模農業に対する投資に関しては、類似した問題に直面している。食料保障というレンズを通して見ることは、小規模農業の支援に必要な政策を的確に理解する際の一助になることを、本報告では明示している。最後に、本報告は、食料保障と栄養供給を実現するために、小規模経営自身とその他の投資家のための主要な障壁を乗り越えるための政策勧告を行っている。特に、投資への十分な動機を与え、投資できる環境をつくるために、官民の利害関係者

序章

本報告書は、四つの章で構成される。

第1章では、小規模農業とその投資の制約要因について明確にするとともに、世界のさまざまな地域の小規模経営部門について概観している。また、資産、市場、および市場以外の制度の三つの側面から、制約要因のパターンを分類している[7]。

第2章では、食料保障と持続可能な発展における小規模農業の重要性について、詳しく説明している。小規模農業に対して投資を行う根拠については、政策面での選択肢を組み立て、切り開き、制約を課すことになる農業ならびに経済の構造転換といった、より幅広い観点を視野に入れるべきである。

第3章では、小規模経営のレベルにおいて必要とされる種々の投資類型について述べている。また、小規模経営自身の投資戦略を保証・強化するために必要となる、他の投資類型とレベル（集団、民間および公共投資）についても提案している。

第4章では、制度、政策、および関連機関等の多様な主体が、食料保障に向けて小規模農業に対して投資を促進できるようになる選択肢とあわせて、小規模農業が前に進むべき道を提起している。

【注】

(3) http://www.fao.org/fileadmin/templates/cfs/Docs1011/CFS37/documents/CFS_37_Final_Report_FINAL.pdf

(4) この定義は、食料保障の四つの要素（入手可能性、アクセス、利用、安定性）に基づいており、本報告の中心課題に枠組みを与えるために用いられている。食料の「入手可能性」とは、十分な量と適切な質の食料が国内生産または輸入によって供給されることである。食料への「アクセス」とは、個人が栄養のある食事摂取に適した食料を入手するために、十分な資源（および権原）にアクセスできることである。「利用」とは、すべての生理的な欲求を満たし、栄養面からみて健康な状態に達するために、十分な食事、清潔な水、公衆衛生、健康管理を通じて食料が利用できることである。「安定性」とは、食料が確保されるように、住民（世帯または個人）がいつでも十分な食料にアクセスできなければならないということである。詳しくは、以下のサイトを参照されたい。http://www.fao.org/docrep/003/w3613e/w3613e00.HTM

(5) Chamberlin et al. (2013), Chayanov (1924), Mendras (1976), Deere and Doss (2006), Ellis (1993), Laurent et al. (1998), Otsuka (2008), Conway (1997), Arias et al. (2012), Jessop et al. (2012), Prowse (2012), Losch et al. (2012), Barrett et al. (2012), およびPolanyi (1944)

等を参照されたい。

(6) FAOのデータに基づく算出および推計は、いずれも執筆者の責任で行っている。

(7) 学術的文献では、市場も「制度」の一部とみなされている。しかし、本報告では、市場制度と、経済において「ゲームのルール」とみなされる市場以外の制度（政策等）とを明確に区別することが重要であると考えている（Commons, 1934）。競争が生産性の増大を刺激することから、市場経済は力強い成長エンジンであるが、市場は行為主体の行動を規制する制度を必要とするのである。

第1章 小規模農業と投資

先進国でも途上国でも、小規模農業への関心が世界中で高まっている。小規模農業にはさまざまな役割が備わっていることが、改めてわかってきたからである（第2節参照）。国際レベルでは、国連が2014年を国際家族農業年と定めており、このことも、小規模農業に特別の注意を払う価値があるという認識を表している。

小規模農業をどう定義するかについては、さまざまな方法がある。歴史的に発展経路が異なり（第2節参照）、社会状況も大きく違っており、生態系もかなり多様で、都市・農村関係にも違いがあることから、小規模農業は実に多様である。

さらに、小規模農業が地域レベルで、全国レベルで、国際的なレベルで果たしてきた——そして今も引き続き果たしている——役割がさまざまであることも、小規模農業を実に多様なものにしている。

本報告では、農業を作物や家畜の生産に限定せず、多様性をもった農業生産システムに関わりをもつ林業や漁業・養殖業を含んだ広義の農業とみなすことにする。(8) さらに、採集活動（例えば魚釣りや狩り）が農家経営の暮らしの一部となり、重要な所得源になっている場合には、それも農業とみなしている。

第1節　小規模農業とは何か

1　小規模農業の基本的な特徴

小規模経営は、小規模農業における最大の投資者である。小規模経営の生産システムは複雑であり、ダイナミックでも

ある。小規模経営が自ら行う投資（および公共部門や民間部門などの外部からの投資）に対して効果的な支援策を立案していくためには、小規模農業の投資にまつわる基本的な特徴についての輪郭をつかんでおくことが必要である。農業経営における所得の流れや投資の源泉が多様であることは、図1で示したとおりである。

まず労働のありようが、小規模農業の基本的な特徴である。小規模経営とは、家族が大半を（またはすべてを）自らの労働によって営んでいる農業経営のことであって、現物であれ現金であれ、割合は変化するものの、所得の大部分をその労働から稼ぎ出している。自給、物々交換、市場交換を通じて、家族は、自家消費する食料の少なくとも一部を農業生産活動から獲得する。また、家族の構成員は、地域内で、または出稼ぎで他地域に渡って、農業以外の活動にも従事する。農業経営では、家族労働に加えて一時的な雇用労働に若干依存することもあるが、多くは近隣もしくはやや広い親戚関係での労働交換が行われる。そのような地域では、互酬関係によって生産物や生産手段が交換されることが少なくない。

もう一つの重要な要素は、資源基盤である。資源基盤は、さまざまな資産や資本（人的資本、自然資本、社会資本、物的資本、貨幣資本）で構成されており、「小規模な」ものと見なされている。つまり、多くの場合、かろうじて生活を支

えられる程度のものである。一般に、小規模経営は、資源基盤を何とか広げて農業生産を改善・拡大することによって、不安定な生活から抜け出そうとしているのである。

小規模経営は「小さい」。なぜなら、農家のもっている資源、とくに土地がわずかしかないからである。そのため、基本的なニーズを充たして安定した暮らしを実現すべく、必要な所得水準を生み出せるように資源を利用するには、生産要素全体の生産性を引き上げることが結局求められる。そのためには、投資のレベルを大きく引き上げていく必要がある。

以上のような課題を抱えてはいるものの、小規模経営は本質的に貧しいわけではなく、原料を加工したり、他の農家にサービスを提供したりする際に適切な投資がなされるならば、小規模経営は家族にとって収益性の高い経営になる可能性があるのである。

最後に、小規模経営は、大抵は家族により営まれている農家（family farmer）であり、このことは生産システムの組織化にとって重要な意味をもっている。第一に、生産用の資産と家族の相続財産とが密接に結びついていることである。ということは、緊急に想定外の大きな支出（病気であったり、葬式などの社会的義務）が必要になったときには、資産の取り崩し（decapitalization）が起こりうるということである。

第 1 章　小規模農業と投資

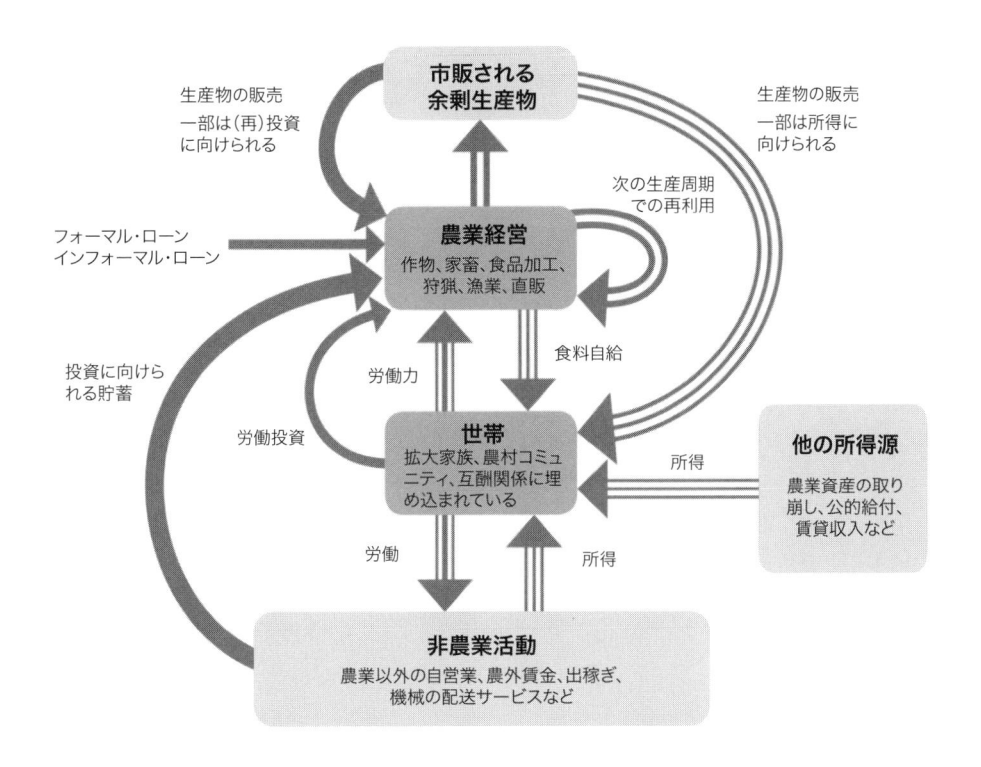

図1　小規模経営における所得の流れと投資の源泉

　図1では、予想される所得の流れや食料自給、投資（無地の矢印）に向けられる源泉の多様性を表している。投資は労働投資であるかもしれないし（例えば、家族労働を用いた棚田整備や、栄養分の収集・活用を通じた土壌肥沃度の改良）、また（銀行や親戚から借りた）ローンや、別の土地で働いて稼いだ貯蓄、市場向け余剰生産物の販売を通じて稼ぎ出した資金に基づくものかもしれない。総所得（貨幣所得と非貨幣所得の流れを一緒にしたもの）は広範に及び、農外雇用や賃金、公的給付や民間同士の移転、生産的な農業資産の取り崩しといった貨幣所得を含んでいる。総合すると、さまざまな所得の流れや投資の源泉は、小規模農業の複雑さと力学を表しているのである。

また、所得を増やすために、相続財産の一部が売却されるということもありえよう。生産的資産と相続財産とのこうした結びつきは、セーフティネットであると同時に、投資を掘り崩す可能性もある。リスクが大きく、利用できる手段に限り所得を増やす場合には、想定外の支出が貧困化スパイラルの契機にもなりうるのである。第二に、生産物を販売する場合には、まずは家族を養う圧力がかかり、次にローンや負債の返済圧力がかかってくる。その場合には、市場向け余剰生産物は減少し、現金所得は低いままである。したがって、第三に、このことは小規模経営の生産における組織的な特徴と結びつくことになる。すなわち、小規模経営は多くの場合、家族労働を通じて投資を行うという特徴である。このことが意味するのは、家族構成員の農業・農外双方の技能を向上させる教育・訓練とともに、家族の健康や基本的なサービスへのアクセス条件といった生活の質が、生産性にとって極めて重要であるということである。

2 小規模農業をどう定義するか

「小規模」についての世界共通の定義は存在しない。「小さい」「大きい」は相対的であって、その時どきの社会状況に依存しているからである。最初に浮かび上がる疑問は、規模を計測する基準を何に求めるかである。最も一般的に使われている基準は、土地である。時には、家畜などの土地以外の生産的資産や、灌漑などの土地生産性といった尺度で補足されることもある。また、農場から得られる所得や粗生産額、またはこれらの基準を組み合わせる場合もありえよう(国別の定義の事例については、以下を参照)。

さまざまな地域のデータを集めて比較しようとする際には、土地面積が最も比較しやすい基準になる。他方で、規模をどこで区切るかは、国や地域の事情に合ったものでなければならない。例えば、アジアに関しては1〜2haという境界が適切であろうが、他の地域の場合(ラテンアメリカやEUなど)は、それとは違って、たいていはもっと高めの境界が適切であろう。中国やインドでは、大半の小規模経営は2haよりもずっと小さい土地しか保有していないが、他方でブラジルの小規模経営では、その境界は50haに及ぶであろう。

それだけではなく、規模という基準だけに頼ってしまうと間違いを起こす恐れがある。というのも、土地への投資(例えば灌漑)や樹木作物、建造物、家畜の改良、食品加工施設に対する投資は、農業モデルや農業経営についての経済的な見通しを大きく変化させるものなのである。これらの投資は、農業モデルや農業経営についての経済的な見通しを考慮に入れていないからである。

「小規模経営」についての公的な定義に関するさまざまな事例

アルゼンチンでは、（州によって異なる）農業物理学的条件をカバーするさまざまな基準を組み合わせて定義している。これは、使用される労働力の形態（家族労働力）や法的地位（法人として登記されていないこと）を基準にしたさまざまなタイプの農業経営システムに対応している。また、農業経営区分で用いられている基準には、機械や牛の頭数、作付面積または灌漑農地面積などの資産水準も考慮されている。

アルゼンチンにおける小規模経営とは、以下の基準で農場経営を行っている生産者を指している。

- 生産者が農場で直接働いている。
- 家族以外の労働者を通年で雇用していない。
- 家族以外の労働者を臨時で雇用することもある。
- 明らかに家族経営とは異なる経営が混同され農業センサスに登録されることがないよう、以下の条件が設定された。
- 合資会社やその他の営利会社として登記されていない農場であること。
- 「資本規模」の上限設定：農場規模、耕地面積規模、牛の頭数や機械資産、果樹面積、灌漑面積の規模など。

上限は地域で異なるが、農場規模は500～5000ha、耕地面積は25ha（灌漑耕地の場合）～500ha。牛の頭数の上限は、500頭としている（de Obstchako, Foti and Román, 2007）。

モザンビーク：3区分型。農場は耕地面積と家畜頭数を基礎に、小・中・大に区分されている。小農場は、灌漑耕地、果樹その他樹園地をもたない場合は耕地面積10ha未満、灌漑耕地、果樹その他樹園地がある場合は5ha未満、さらに家畜については、牛は10頭未満、羊・山羊・豚は50頭未満、鶏は5000羽未満である（Censo Agro-Pecuario 1999/2000, Instituto Nacional de Estadística, Mozambique)。モザンビークでは、農場経営の99％が10ha未満であり、農地面積の70％にあたる。

タンザニア連合共和国：2区分型。「小規模農場・小規模経営」とは、生産用の土地を25㎡～20ha保有しているか、もしくは牛では1～50頭、羊・山羊・豚では5～100頭、ニワトリ・アヒル・七面鳥・ウサギでは50～1000羽を飼育している農場・農家のことである（National Bureau of Statistics, United Republic of Tanzania）。

コートジボアール：2区分型（大経営は「近代部門」と「伝統部門」の2部門に区分されている）。農業経営体は、（i）近代部門の大経営、（ii）伝統部門の大経営（特定の作

物栽培用の土地を最低限保有している）、(ⅲ)伝統部門の小経営（ⅰとⅱの基準に当てはまらないすべての農場）に分類される（RCI, 2004）。

スリランカ：2区分型。 大農場（estate）の分類に当てはまらない農業経営である。大農場もしくはプランテーション部門は、20エーカー（8・1ha）以上の面積をもつ農業経営である。大経営は1区画が最低20エーカーの広さをもつ農場とされるため、複数の区画を合わせて20エーカーになる場合は、大農場とは見なされない。同様に、水田だけを20エーカーないしそれ以上もつ経営も、大農場とは見なされない（Small Holding Sector, Preliminary data Release, Department of Census and Statistics of Sri Lanka）。つまり、小規模農場経営とは、水田だけの農場を除けば、8・1ha以上のひとまとまりの農地を保有しない農家のことである。

インド：インドの農業センサスでは、規模別で五つに分類している。つまり、1ha未満の「零細規模」、1～2haの「小規模」、2～4haの「準中規模」、4～10haの「中規模」、10ha以上の「大規模」経営である。これを大小2区分型に当てはめると、小農場の境界は10ha未満となり、3区分型では4ha未満になるだろう。2005年農業センサスの結果によると、「経営が行われている農家」の99・2％は10ha未満

であって、これらで総農地面積の88・2％が営まれている。4ha境界（零細規模、小規模、準中規模の計）をとると、農場の94・3％が小経営で、全農地面積の65・2％が営まれている。

フランスでは、「参照単位」（reference unit）という概念が用いられている。これは、農業経営内部でのあらゆる農業活動を考慮した上で、経営の経済的な存続可能性を確保するのに必要な規模と定義されるものであり、ローカルなレベルでの小さな農業環境エリアごとに決められている。

いくつかの国々では、「家族農場」（family farm）という定義が利用されている。

例えば**アメリカ合衆国**では、農務省経済調査局によると、経営の大部分が経営者ならびに経営者と血縁や婚姻でつながる個人（たとえその人が経営者と同居していない親戚であっても）によって所有された農場を家族農場と見なしている（Hoppe and Banker, 2010）。また農務省は、農場融資事業（例えば、農場サービス公社［Farm Service Agency］の実施事業）の規定において、「家族農場」を以下のような農場であると定義している。

・コミュニティの中で、農家であって、［非農家の］農村居住者ではないと認められるほどの販売用農産物を生

- 家族ならびに農場経営の経費支払や債務償還、財産維持にとって十分な所得（農外就業を含む）を生み出していること。
- 経営者が管理していること。
- 経営者およびその家族で十分な労働力があること。
- 農繁期には季節労働者を利用し、フルタイムの雇用労働者もある程度利用していること。

ブラジルでは、家族農業（agricultura familiar）は法律で規定されている。家族農場と見なされる経営は、以下の条件に一律に適合するものでなければならない。

- 市町村（município）ごとに決められる「標準農地面積」（módulo fiscal）の4倍より小さい経営である（5〜110ha）。
- 家族労働力を主に利用している。
- 農場の経済活動から得られた所得によって家計の大部分が営まれている。
- 経営主とその家族によって経営されている。
- 各経営主それぞれの農地が「標準農地面積」の4倍を超えない場合には、この法律は農場の共同所有形態にも適用される。

3　世界の小規模農業の全体像

経営規模に基づく現状の概観

定義やデータについては課題があるものの、明らかなことは、小規模農業がほぼすべての国や地域に存在しており、多くの小規模経営は例外的な存在ではなく、標準的な存在であるということである（例えば、IFAD, 2011を参照）。

経営規模は議論の余地のある尺度ではあるが、利用できるデータをみれば、明瞭ではっきりとした全体像がみえてくる。IFADによれば、途上国世界にはおよそ5億戸の小規模経営が存在しており、ほぼ20億人の人びとが農業で生計を立て、アジアとサハラ砂漠以南アフリカで消費される食料の約80％はこれら小規模経営が生産している（Hazell, 2011）。世界農業センサスのデータによれば、「南」の国々では、小規模経営の数は過去数十年にわたって絶対数で増加し続けている。OECD諸国では、ほとんどの国で小規模経営の数は減少している。世界農業センサスの81ヵ国グループからなるデータによれば（FAO, 2010b; 2012b）、全農業経営の73％は土地面積が1ha未満であって、さらにほとんどの文献で境界とされている2haを基準にすると、その割合は85％まで上昇する。5ha未満の経営は、推定で全農業経営の95％近くに達する。

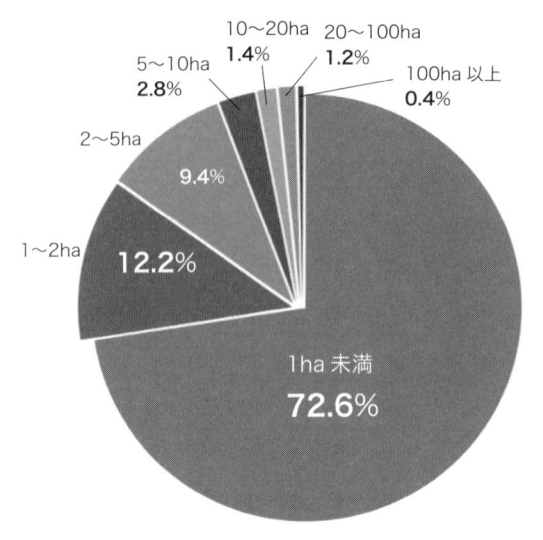

図2 FAO世界農業センサス81ヵ国における農地面積規模別経営体構成

- 1ha未満 72.6%
- 1〜2ha 12.2%
- 2〜5ha 9.4%
- 5〜10ha 2.8%
- 10〜20ha 1.4%
- 20〜100ha 1.2%
- 100ha以上 0.4%

出所：81ヵ国の国別センサスに基づき、著者が算出（FAO, 2012b）。81ヵ国のリストは付録1を参照。この81ヵ国は、世界の総人口の3分の2と農地（耕地）面積の38％を占める。

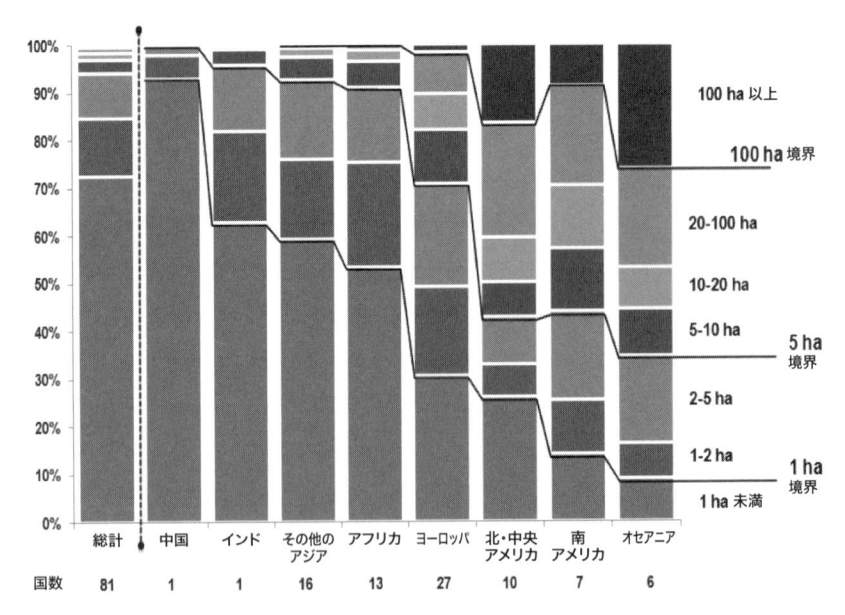

図3 FAO世界農業センサス81ヵ国における経営規模の地域的多様性

地域	総計	中国	インド	その他のアジア	アフリカ	ヨーロッパ	北・中央アメリカ	南アメリカ	オセアニア
国数	81	1	1	16	13	27	10	7	6

区分：1ha未満、1-2ha、2-5ha、5-10ha、10-20ha、20-100ha、100ha以上（1ha境界、5ha境界、100ha境界）

出所：Beliérès et al.（2013）より作成。FAOの世界農業センサスのデータより加工。

したがって、小規模経営の大多数は、土地利用がきわめて限られているのは明らかである。

小規模農業の重要性は、一般に思われているイメージとは異なり、低所得国グループのみに限定されるわけではない。EUやOECD諸国にも、そしてブラジル、インド、中国といった過去15〜20年間に「中所得国」の地位に到達した途上国でも、小規模経営は役割を担っている。もちろん、だからといって、小規模経営の直面する問題がすべての国で同じであるというわけではない。また、小規模農業がより大きな発展過程において果たす役割が、どの国でも同じであることを意味しているわけでもない。しかしながら、小規模農業は、ほぼすべての国の（相対的）貧困問題や、食料保障ならびに食料主権への貢献、経済成長ならびにより広範な農村開発問題と重なり合っている。かくして、小規模農業における投資が、すべての国で必要なのである。

アフリカは、目下のところアフリカ以外の投資家の関心がかなり大きく、それだけに特別の注意が払われなければならない。アフリカでは（2000年世界農業センサスのデータが利用できる14ヵ国を検討すると）、農業経営のおよそ80％は2ha境界以下である。過去のデータを参照すると、農業経営規模の縮小を伴いつつ、農家数の増加傾向が見受けられる。これは東アフリカにおける土地喪失のリスクに注目した研究でも確認できる（Jayne, Mather and Mghenyi, 2010）。

中国の小規模農業は、ユニークなタイプである。集団的土地所有権が、各農家家族の農地利用権を保証することになった。世界農業センサスによれば、中国農村にはほぼ2億近い小規模経営が存在しており、ダン（Dan, 2006）によれば、2億5000万戸にものぼる。平均農場規模は0・6ha未満であって、時の経過とともに縮小している。

アメリカ合衆国では、農場規模は経済的指標、すなわち「粗生産額」で定義されている。農業において高い集中度に達しているこの国でさえも、小規模経営（総販売額25万ドル未満）の数は、2007年農業センサスでは199万513経営体にのぼり、総経営体数の91％に相当する（USDA, 2007）。2007年農業センサス結果では、2002年に比べて経営規模の両極で経営体数の増加がみられた。具体的には、小規模経営は11万8000戸増える一方で、50万ドル以上販売農場の数も同期間に4万6000戸増加した。その中でも、小規模農業経営の発展が公共政策の真の対象であって（USDA, 1998）、小規模農業経営を支援するのが連邦政府および州の事業であると規定・実施されている。小規模経営委員会（the Commission on Small Farms）は、レポート発表時に添付された文書の中で、以下のように述べている。「このレポートを作成する過程において、われわれは、小規

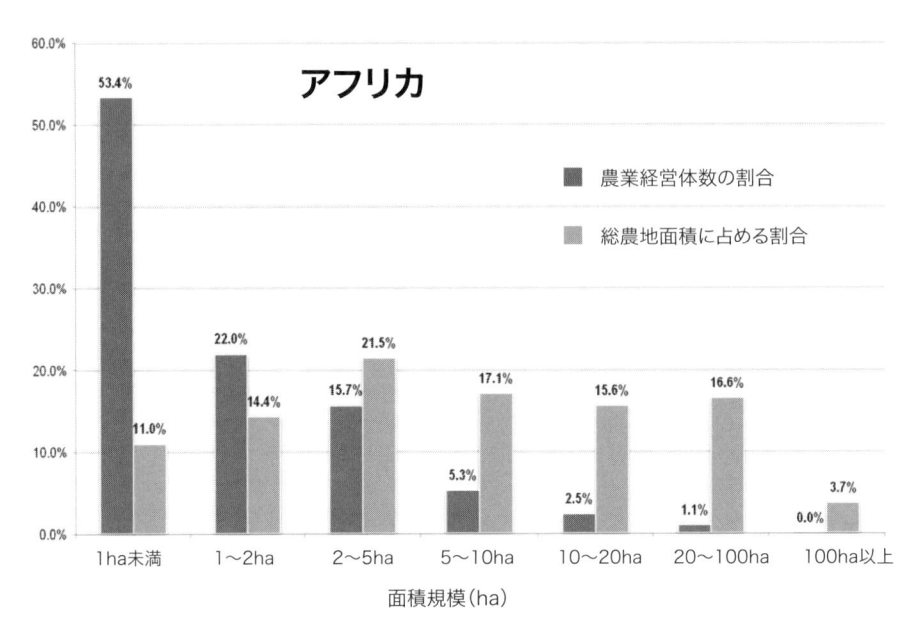

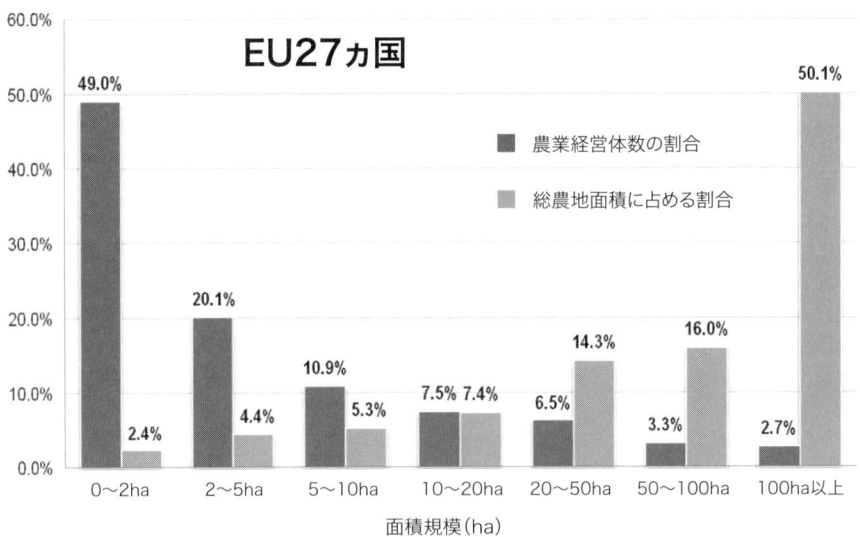

図4　アフリカ14ヵ国およびEU27ヵ国の農業経営の規模別分布と農地面積シェア

上図（アフリカ）　　出所：1996～2005年のセンサスに基づくFAO（2012b）のデータ
　　　　　　　　　　（著者による算出。付録1の国別リストを参照）。
下図（EU27ヵ国）　　出所：Eurostat, 2012.

模経営こそがアメリカの農業・農村経済にとっての要石であると認識することが必要であると、これまで以上に強く確信したのである。持続的な農村復興は、力強く活力ある小規模経営部門があってこそそのものであり、委員会の勧告は、それが実行されるならば、この復興に貢献するものになるだろうと確信している。」

日本では、「小規模経営」という公式かつ統計上の範疇は存在しないものの、研究者や政府当局者は、通常、経営規模と兼業農業を基準にしている。2010年農業センサスでは、兼業農家数が約120万戸、農家総数の72.3%に及ぶ。90万戸余り（全体の55.2%）が1ha未満、130万戸（80.6%）が2ha未満である。

欧州連合（EU）では、2010年農業センサス（Eurostat, 2012）においてEU27ヵ国の約1200万経営を調査しているが、全体の49%が2ha未満であり、67%が5ha未満である。現在の共通農業政策（CAP）改革では、とくにローカル市場との結びつきに、小規模農業の経済発展の新たな可能性があると予測されている（EC, 2012）。EUでは、「半自給的農家」や「自給的農家」の比率が高い中・東欧諸国を新たに加盟国に統合する過程で、小規模経営への関心が高まっている（ENRD, 2010）。近年の研究では、さまざまな政策選択をシミュレーションすべく、多様な農家形態が考慮されるようになっている（Fritsch et al., 2010）。議論の中では、新しい路線転換（例えばリトアニアについては、Mincyte, 2011 参照）についてのコンセンサスまでには至っていないものの、世界で最も集約的な農業地域の一つであるEUにおいても、小規模農業は明らかに政策課題（アジェンダ）の一部になっている。

データの利用性を高めるために

小規模農業において、投資のありようは経営の構造に関係している（この構造は、各経営層の資産を示している）。こうした資産は、過去の投資の結果であることから、農家経営のレベルで実施済み、あるいは現在進行中の投資の実態をよりよくつかむ上で重要なものである。

FAOがまとめている世界農業センサスは、農業構造に関して、国際的に比較可能なデータが利用できるようになることを目指している。したがって、農業センサスは、最大限利用可能なデータをグローバルな規模で集めている。10年に一度各国で実施されるセンサス・データを集積している最新の2000年農業センサスでは、1996～2005年の間に実施された114ヵ国のデータが収集され、世界人口の

83・5%をカバーしている。現在の2010年農業センサスには、2006~2015年に各国で行われるセンサス・データが含まれる。本報告で使われているデータは、2000年農業センサス・データのうち、経営規模データが可能な81ヵ国グループのものである（付録1の国別リストを参照）。

あらゆる統計と同様に、世界農業センサスにも限界がある。

第一に、農業センサスは、一国の農業活動全体をカバーするのが理想的である。しかし、国によっては、センサスの対象に最低経営規模という境界を設定することで、調査範囲を限定している場合がある。その場合、総生産にはほとんど寄与しないきわめて多数の零細農家が存在していても、彼らをセンサスに含めると費用対効果の面で問題があるという点で、調査範囲の限定が正当化されるのが普通である。しかしながら、多くの国では、これら多数の零細農家が、世帯の食料供給に大きく貢献しているのである。

第二に、世界農業センサスについて、FAOは農業経営を規模別に18段階に区分するよう勧告している。しかし、多くの国では、自国の目的に合うように修正した規模別分類でデータを報告しているので、国際的な比較が難しくなっている (FAO, 2010b; 2010c; 2010d)。

第三に、国によっては、すべてのデータ項目が含まれてい

るわけではない。とりわけ、灌漑や機械装備、家畜保有といった、農家の生産性を評価する上でとくに重要なデータが利用できるかどうかという点で、大きな格差がある (FAO, 2010b)。

最後に、世界農業センサスは農業構造に焦点を当てているため、実際の生産ないし所得に直接つながるデータと必ずしもリンクしておらず、農外所得のデータも含まれていない。これらすべての理由から、小規模経営の所得や生活についての正確な全体像をつかむことは、容易ではない。

また、（まずは第一歩として）生産額で算定される農業産出高全体に対して、農家の各階層の貢献度をより明確に把握することも必要である。小規模経営が生産する食料データは、グローバルなレベルにとどまらず、多くの国で入手できていない。欧州諸国のいくつかの国でさえ、土地、作物、家畜等は「規模の単位」、すなわち一定レベルの付加価値を生み出す能力を表すものとされているが、零細農家が、そして農外所得全般が、多くの場合、調査から除外されている。場合によっては、小規模経営の中の一部門が経済面や食料保障の面で有力な役割を担っているにもかかわらずである。例えば、ブラジルでは、5%を占める規模の大きめな小規模経営で、農業生産全体の3分の2を生産しているのである (Vieira Filho, 2012)。

4 小規模経営はかなり不均質でダイナミックな部門を形成している

小規模経営部門は、国によって相当多様であって、資源・財産・生産のいずれの面でも大きく異なっている（Laurent and Rémy, 1998）。そうした多様性に対する的確な政策を立案・理解する際の鍵となる（ボックス1では、ラテンアメリカとカリブ海諸国の事例が示している）。

ジェイン、マザー、ミエニ（Jayne, Mather and Mghenyi, 2010）は、東・南部アフリカ（エチオピア、マラウィ、ケニア、モザンビーク、ルワンダ、ザンビア）の小規模経営部門内部の多様性を分析した結果、「1人当たり土地面積で最上位4分の1の階層が、最下位4分の1の階層の5〜15倍も土地を保有している」ことを明らかにしている。さらに、アフリカにおける土地利用の一般的イメージとは異なり、調査した国々の小規模家族農場世帯のほぼ「25％は土地なし農民(landlessness)の域に達する」という事実も明らかにしている。灌漑農業や高付加価値作物、畜産といった、零細経営をより集約的で高付加価値なタイプの生産システムへと向かわせる際に、重要な役割を担うのは投資である。土地所有の分布パターンによれば、インフラとサービスの整った都市市場に近接した地域には、より大型で商業志向の農業経営が存在する一方、市場から離れた他の地域では、市場との結びつきが弱いためにまだ利用可能な土地がかなり残されている傾向がある（Jayne, Mather and Mghenyi, 2010）。

小規模経営の不均質性は決して固定的なものではなく、頻繁に変化している。すでに1970年代に、ザハリアスは、オランダで当初は「トップ」の座にあった農家が10年後には低い階層へ下向したり、逆に上向したりしたことを明らかにしている（Zachariasse, 1979）。規模が大きく、経営の順調な家族農場が、相続に際してより小さな単位に分割されるような地域では、逆転傾向も起きている。また、小さな農場をもつ若い夫婦が小規模経営に打ち込み、順調に成長することもありうる。こうしたケースは中国（Fei, 1992）、アフリカ（Berry, 1985）、さらにオランダ（Bruin and van der Ploeg, 1991）など、国によって異なった形で存在してきた。IFADの『2011年農村貧困報告』でも、一般的に貧困は固定的な状態ではなく、人びとは貧困から脱出することもあると述べられている（IFAD, 2010）。一般には、各国の階層分布やその動態は、人口動態の違いや社会経済的な違いの双方に起因する（Little, 1989）。小規模経営の実際の姿は、時間が経つにつれて変化するのである。

■ボックス1■ ラテンアメリカおよびカリブ海諸国の小規模農業の多様性(17)

ラテンアメリカおよびカリブ海諸国の小規模経営には、基本的に二つの主要カテゴリーがある。これら諸国の小規模農業の規模に関して、最も正確な推計を詳細に見てみると、小規模経営の数は1500万戸前後に達するものと考えられる。

第1のカテゴリーは、全体の約65%を占めるが、生活維持に必要な所得の大半を農外所得から得ており、その割合がおそらく増加しているグループである。このグループに属する農家にとって、農業は他の活動の補完物でしかなく、出稼ぎ送金や現金・現物での社会給付・支援が、非常に重要なものとなっている。それでも、このグループは、1億ha以上もの土地を所有・経営しており、土地から得られる所得は、たとえ少額でも生活を維持するものであることから、あらゆる衝撃に対する脆弱性を和らげる上で決定的に重要である。大半ではないにしろ、このグループに属する農家の多くは、貧農とみなされよう。なお、厳密に農業を基礎とした、あるいは農業主導の開発戦略は、このグループの場合、その要点を外してしまうことになろう。

第2のカテゴリーは、大半の専門家が考える基準に対して、文句なく最も合致した家族経営農家である。生活の大部分は農業経営によって維持されており、家族以外の労働力はほとんど、もしくは全く雇用していない。それゆえ、農家家族の世帯員が、自らの農場の管理・運営を行っている。こうした農家は農業市場に統合されてはいるが、自分の家計と農場資産の制約や、農業資材市場と農産物市場の不完全性、あらゆる制度的な枠組みの格差・制約など、重大な課題に直面している。このグループは、約400万経営で構成されているが、小規模経営の約27%、約2億haの農地を経営している。このグループは、ラテンアメリカだけでなく向けた食料供給にも大きく貢献しており、その貢献度は軽視されるべきではない。地域経済に深く組み込まれていることから、農業を基盤とした発展が生産と消費の連関を形成し、それゆえ地方や地域における重要な担い手にもなっている。このグループは、2ha基準といった小規模経営の定義からは見えてこないが、少なくともラテンアメリカ・カリブ海諸国では、農村社会の再生にとって、最も有望な存在であると思われる。

出典：Berdegué and Fuentealba (2011) より作成。

また、新規参入者の流入によって、ピラミッドの「より低い」階層が増大することが多く見られたり（欧州の例は、Safiliou-Rothschild and Rooij, 2002）、「トップ」に位置する多くの人びとが、（例えば、新規参入者や経営を拡大したい小

第2節　投　資

規模経営に対して、自分たちの農村にある資源を売却するなり、貸与したりすることで）都市経済に大きく移行したりすることによって、全体のパターンはさらに複雑になっている。

この最後のポイントは、経済的不安定性を抑えるどころか、逆に増幅してしまうような過剰投資を避けるためにも、心に留めておくべきである。例えば、規模の大きな農場ほどうまくいくとは、必ずしも言えない。例えば、オランダ酪農の最近の研究（Zijistra et al., 2012）によれば、過去10年間で大幅に規模拡大した大型の企業家的酪農経営が、現在では生乳1kg当たりでみて高率の負債を背負っているという。2008～2009年にかけての低乳価期にマイナスのキャッシュフローで苦しみ、銀行ローンの借り換えを迫られたのである。（飼料価格の高騰で特徴づけられる）現局面では、これら多くの大規模農場が、銀行ローンの借り換え融資を再び拒まれて、破産するのではないかとみられている。

1　投資を理解するための持続的生活様式フレームワーク

持続的農村生活様式（Sustainable Rural Livelihood: SRL）フレームワーク（Scoones, 1998, 2009; Carney, 1999）は、投資を理解する上でたいへん有用な理論的枠組みを提供してくれる。このフレームワークでは、家族で営まれる農業経営の基本的な特徴を、一連の農外活動を含めながら総合的に捉えている。投資が行われる資産がさまざまな形をとって

投資には多くの形態がありうるが、生産性を引き上げたり土地不足を補う上で、投資は重要な役割を担っている。『新パルグレイブ経済学辞典』（2008）によれば、「投資とは、資本形成のことであり、生産に利用される資源の獲得ないし創出のことである。つまり、投資とは、時間を隔てた消費・貯蓄の決定を、生産サイドからとらえたものである。資本主義経済では、建造物や設備、在庫など、企業による物的資本への設備投資に焦点が当てられることが多い。しかし、政府や非営利団体、家計によっても投資は行われており、物的資本だけでなく人的・無形資本の獲得も、投資に含まれる。原理的には土地改良ないし天然資源の開発も投資の中に含まれており、生産高を正確に計測するには、販売用の財・サービスとともに、販売されていない財・サービスの生産高も算入しなければならない。投資は善で、さらなる投資はもっと善いものだとする神話が広く存在する。しかし、投資には、善い場合も悪い場合もあり、多すぎることも、少なすぎること

いることを前提にしており、資本のタイプが異なるだけでなく、投資を可能にする権原(entitlements)〔注〕も考慮しているのである。投資活動は、社会的なものも、市場に対応したものも、どちらもありうる。貧困な農家世帯が自然環境を改善したり生産物を増大させる場合でも、特定の資産に対して開発投資できる条件は一体何かを判断する場合も、同様のフレームワークがレアルドンとヴォスティ(Reardon and Vosti, 1995)によって用いられている。

〔注〕権原(entitlement)とは、社会の中で正当な形で財を入手・処分できる能力・資格、またはこうした能力・資格によって入手・処分できる財の集合体を指す概念である(アマルティア・セン[黒崎卓・山崎幸治訳](2000)『貧困と飢饉』、岩波書店を参照)。

人的資本は、農家レベルで利用可能な労働力の量と質に関わるものである。それには、肉体的健康度と認知能力が含まれる(Ram and Schultz, 1979)。小規模経営による投資の多くは、家族労働力に関係している。健康と栄養状態が、人的資本にとって重要な構成要素であり(Lipton and de Kadt, 1988)、同様に生涯を通じた教育も、セン(Sen, 1985)が言うところの「潜在能力」(capability)〔注〕を獲得する鍵である。将来の変化への適応力を身につけるためには、人的資本へのさらなる投資が必要になるだろう(White, 2012; Proctor and Lucchesi, 2012)。

〔注〕潜在能力(capability)とは、財・サービスを用いて人がなしうる状態(being)や行動(doing)を表す機能(functioning)の総体を指す概念。様々な選択肢の中から自分のことを選択・達成できる可能性の幅(選択の自由度)に焦点を当て、所得以外の機能(身体状況・ジェンダー・健康状態等)にも視野を広げながら、こうした潜在能力が剥奪された状態を「貧困」であると規定した。この概念の真の目的は人間の可能性の幅を拡げることであると提唱したセンの主張は、国連開発計画(UNDP)の「人間開発」概念にも影響をもたらした(潜在能力については、アマルティア・セン[石塚雅彦訳]『自由と経済開発』2000、日本経済新聞社、また、この概念の影響については、妹尾裕彦「低開発と貧困削減」石田修ほか編『現代世界経済をとらえるver.5』2010、東洋経済新報社、等を参照)。

社会資本は、おそらく三つの形で捉えられる。(i)社会活動に関係する血縁や地縁、(ii)天然資源の利用に影響する慣習的つながり、(iii)開発団体や職能団体(農村生産者組織、開発協会など)である。

自然資本は、ローカルな資源の賦存量にもよるが、人間活動の産物でもある。自然資本への投資は、利用条件や治安条件を物語っている(これは不動産とは限らない。Ciriacy-Wantrup and Bishop, 1975; Ostrom, 1992; Oakerson, 1992; Lavigne Delville, 1998を参照)。また、自然資本への投資は集団行動を伴うこともあり、そのような場合には、個人や慣習的集団、公共団体(地方公共団体であることが少なくない)

第1章　小規模農業と投資

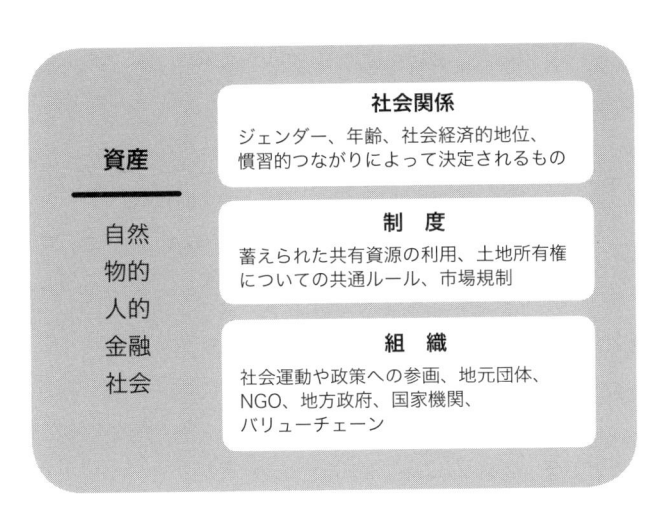

```
         ┌─────────────────────────────────────┐
         │ 社会関係                              │
         │ ジェンダー、年齢、社会経済的地位、      │
         │ 慣習的つながりによって決定されるもの   │
  資産   ├─────────────────────────────────────┤
  ──── │ 制　度                                │
  自然   │ 蓄えられた共有資源の利用、土地所有権   │
  物的   │ についての共通ルール、市場規制         │
  人的   ├─────────────────────────────────────┤
  金融   │ 組　織                                │
  社会   │ 社会運動や政策への参画、地元団体、    │
         │ NGO、地方政府、国家機関、              │
         │ バリューチェーン                       │
         └─────────────────────────────────────┘
```

図5　生活様式を構成する資産／資本およびその利用を実現するための要素

　生活様式は、生活手段にとって欠かせないさまざまな機能を果たす5つの基礎的な資本・資産によって構成される（左側）。人びとは生活の中で、こうした多様な資産を、社会関係や制度、組織を通じて利用する権原を有している（右側）。
　出所：SRL (Scoones, 1998, 2009; Carney, 1999) に基づき、著者作成。

といった利害関係者の調整力によって決まることになろう。社会的弱者の資源利用に不平等があったり利用できない場合には、農地改革を通じた土地の再配分もしくは割当といった公共的措置が求められる。

　物的資本と貨幣資本は、単一のカテゴリー、すなわち経済的資本として一括りにする論者もいる（Scoones, 1998）。ここでは、両者の性格はむしろ異なっているので、両者を区別することにする。また、利用方法も、同様に異なっている。物的資本と貨幣資本の利用は、いずれも組織を通じた集団行動が支えになる可能性がある。

　また、持続的農村生活様式フレームワークを用いれば、社会関係や制度、組織を通じて個人のチャンスを拡げる潜在能力を引き上げることで、小規模経営自身の投資能力に直接影響・改善をもたらすような投資レベルも視野に入れることができる。これは、次のようなさまざまなタイプの集団的投資を視野に入れるということである。（ⅰ）景観や資源管理についての集団レベルでの投資、（ⅱ）市場参入を改善するための集団的投資（協同組合や同業者団体）、（ⅲ）社会的指向をもった集団的投資（自助グループなど）、（ⅳ）〔食料バリューチェーンの〕上流・下流部門に関わる企業や民間の利害関係者による投資、そして（ⅴ）公共財タイプの投資である。

2　投資と生産性

歴史的な見方をとるリプトン (Lipton, 2005) 等の有識者にしたがえば、貧困削減につながる農業開発の事例の中で、小規模農業の生産性が大幅に引き上げられないような事例は見当たらない。小規模経営の生産性向上は、政策課題（アジェンダ）の中で高く位置づけるべきであって、その際には小規模経営の多様性や、農家が蓄積した経験知や家畜の遺伝的形質に現れることが多いのだが）を考慮すべきである（アジアについては、Devendra and Sevilla, 2002を参照）。また、生産性の引き上げは、市場とうまくつながっていること、すなわち輸送や市場のインフラが小規模経営の市場志向型生産の発展をもたらし、生産性を引き上げる基本条件になっていることが前提である。アントル (Antle, 1983) によれば、一国レベルのインフラが農業生産性の引き上げに大きく結びついているという明確な証拠がある。

投資は生産性向上の一つの手段であって、それは同様に農業転換の核心に位置するものである。生産性とは、生産過程で用いられる要素についての生産効率の尺度である。農業では、生産は複合的なプロセスであるため、生産性はシステム・アプローチの方法で計測・評価する必要がある。とくに

小規模経営にとって、土地面積当たりの生産性を高めるための投資は、土地不足を補う一つの方法である。同様に、加工部門への投資が可能ならば、原料農産物に付加価値をつける投資を行う方法もある。

3　小規模経営が主要な投資者である

小規模農業における投資のほとんどは、小規模経営の家族自身が行っている (FAO, 2012a)。その多くは、灌漑事業や土壌浸食防止作業、棚田 (terraces) など、おもに建造物を設置するための労働投資である。労働力は、利用可能な家族労働力や、隣人、集落ないしコミュニティのレベルで、多くの場合動員される。投資はまた、家畜集団の拡大や品種改良、農機具の改良、改良品種の選択やそれにまつわる環境資本の形成を通じて行われる。典型例は、小区画や地域レベルにおいて、目標を定めたさまざまな調整作業を通じて実現される土壌肥沃度の改善である。土壌肥沃度を一つの資産とみるブランシュマンシュ (Blanchemanche, 1990) の歴史的・技術的見方や、ルブル (Reboul, 1989) の経済的見方を参照されたい。いずれの見方も、土壌の肥沃度とは、例えば重量物を運搬するための資産や水循環を調整する技術が必要となるような、継続的な労働投資の産物であることを明らかにしてい

第1章 小規模農業と投資

また、土壌や建造物、家畜育種、作物品種などの改良をもたらす労働投資とならんで、小規模経営は以下の投資も行う。(i) 経験と知識の蓄積、(ii) 集団行動、(iii) 適正な統治ルールの策定や、それに付随した個人投資や共同投資を維持するための長期にわたるルールの執行などである。これらは、理論的にも実証的にも明らかにされてきたものである（Ostrom, 1990）。

総合すると、これらの作業は、資本形成のプロセスを構成している。企業的農業の場合と異なり、小規模農業では、資本形成は、貨幣資本投資や物的資本投資という形では必ずしも行われない。こうした投資は、一般的というよりも例外的である。小規模経営の単位では、資本形成は労働投資を通じて行われる（この場合には、貨幣資本や物的資本の代わりに、人的資本や環境資本が中心となる）。もちろん、このことは、金融投資が重要ではないということではない。その逆である。ただし、労働投資であれ金融投資であれ、いずれも異なった条件が必要であるというのがポイントである。

労働の苦痛度と欲望の満足度（苦役と効用）の均衡（ロシアの農業経済学者チャヤーノフが20世紀初めに生み出した概念 [Tchayanov, 1925]）は、労働投資においては決定的である。追加的生産がもたらす限界効用は、生産の全体的な増加

とともに減少する。そして、そのような生産の増加とともに、追加の生産「一単位」に必要な限界苦役が増加する。効用と苦役は均衡をとらなければならない。チャヤーノフのこの見解における重要な点は、労働投資を通じて小規模経営は資本形成を行い、それによって成長や発展に寄与することができるということである。これは、何よりも内発的発展である。つまり、「下から」もたらされる発展なのである。

資本形成が行われるためには、いくつかの要件が満たされなければならない。

- 小規模経営に希望があること、すなわち、長期にわたりプラスの期待がもてること（もしそうでない場合は、「効用」ラインは上に向かわないだろう）。
- 安全が保障されていること。すなわち、現在または将来の資源に対する所有権が承認され、確実に保護されていない場合は、小規模経営がその労働を、資源の質的改善や量的増加に投資することは起こりようがない。
- 小規模経営が社会文化的にも政治経済的にも重要な存在であることが、国家によって承認・保証されることが求められる。
- 小規模農業が参加する下流市場は、収益性のある価格水準を示さなければならない。下流市場での価格は、相対的に安定していなければならない。価格の乱高下

61

第3節　小規模農業への投資の制約条件

1　永続的貧困・資産利用の欠如・複合的危機

小規模農業の投資には、リスクや制約条件が数多くみられる。投資はそれ自体、つねに一定のリスクを伴うものである。逆に、農業の場合、さまざまな性質（生物的性質や気象的性質、経済的性質など）をもつリスクが複雑に絡まりあう環境が、投資のおもな制約条件の一つをつくり出している。リスクや制約条件を分析するためのフレームワークと、実際に発現するレベルについては、以下の表1のとおりである。

リスクの多くに見られる基本的な特徴は、リスクが貧困と結びついており、投資を間違いなく制約する主要な要因であるということである。「小規模経営が生み出す生産量が豊富であり、追加的に入手できる所得源が多様であるにもかかわらず、小規模農家は——土地なし農民や都市貧困層と同様——途上国世界では最も不利で弱い立場のグループの一つである」(Nagayets, 2005)。貧困とは、貯蓄が限られている状態だけではない。基本的ニーズ、つまり食費（自給が十分でない場合）や医療費、教育費に必要な家族所得が限られていることも、貧困の対象になる。また、所得が減少したり家族に予期せぬ事態が起こったときに、補償として生産的資産を売却するリスクに晒されることも、貧困に含まれることになる。

貧困には、資産や機会を利用する上で女性が不利になるといった、重大なジェンダーの側面がある。FAOの『世界食糧農業白書』(FAO, 2011a) によると、女性が世帯主の家庭では、所得や生活水準が30％低く表されている。女性が生産的資産を利用する際には負のバイアスが強くかかっており、農業機械の利用では2～3倍も低く、家畜の所有では3倍劣っており、肥料の利用では30％少なくなっている。

家族内の関係は女性にとっていくぶん有利かもしれないが、それは教育、地位、そして婚姻についての取り決めにもよるだろう。また、女性は資産利用においても差がみられ、世帯内の富の配分状態が世帯の食料支出パターン（そこから家族、とくに子どもの栄養状態）に影響するだけでなく、健康や教育にも影響を与えている。また、世帯内での富の配分状態が、集団行動を通じてコミュニティ内部での地位向上にプラスの影響を与えることもある。

生産的資産が利用できないということは、投資を行う上で

表1 さまざまなレベルでの小規模農業にとってのリスク

表出レベル	リスクの範囲			
	農家	コミュニティ・レベル	国・地域レベル	国際レベル
家庭	病気、死、個人の災難	医療面での公共サービスの欠如 飲用可能で安全な水の不足	セーフティネットもしくは他の社会的保護手段の欠如：食料備蓄とその利用、社会サービス利用、多くの作物保険、災害基金	農業の公的支出削減に向かうマクロ経済政策 価格の乱高下（購入者としての世帯）
市場関連リスク（農産物、投入財）	生産物価格の不安定性 投入財価格の上昇	市場の失敗 市場の不在：投入財、信用など	規制政策の衝撃・欠如による投入・産出価格の変化 内発的不安定性 食料輸入の不公正競争	生産物や投入財価格の国際的不安定 エネルギー・天然資源（リン）の不足 低い国際食料価格
農業生産	病気や栄養不良による家族労働への影響 時宜を得た介入に必要な資産の欠如 機械・設備の故障 作物や家畜の病虫害・疾病 不安定な生産水準	降雨の不確実性 洪水、干ばつ、地滑り 設備の修繕・維持に必要なサービス施設の不足	洪水、干ばつ 投資への公共財供給の欠如 通信・輸送インフラの不足 貿易、環境・社会セーフガードなど他の政策（政策の一貫性）と農業政策との一貫性のなさ	
農外活動	農業活動と農外活動との労働配分の競合	限られた富による機会の不安定性	成長の低下	出稼ぎの制約
法制度	所有権の不確実性 脆弱な統治 土地の法規制の欠如 資産や個人をめぐる市民的保護の弱さ	所有権の不確実性 脆弱な統治 土地の法規制の欠如 資産や個人をめぐる市民的保護の弱さ	土地所有権の法認の不平等 国の大規模土地収用過程	国際的な土地収奪 農業投資に対する国際レベルの規制と国際機関・制度の役割

出所：OECDの包括的フレームワーク（OECD, 2009）を基に、著者作成。

決定的なリスク、制約条件となる。例えば、ラテンアメリカの数ヵ国で起きている具体的な制約条件は、国が推進する農業モデルと関連しており、小規模経営コミュニティが自然資産を奪い去られ（例えば灌漑用水を奪われて）、コミュニティから大規模な農業企業ないし新設の中規模企業家農場に移し替えられるという事態をもたらしている。前者の事例は、ペルー北部（ピウラ州）の事例であり、後者の事例は、アンデス山中の既存の小規模農業を完全に無視した大規模なマヘス（Majes）開拓・灌漑プロジェクトである。

かくして、小規模農業は、次の三重の制約条件に直面している。（i）水が入手できない。（ii）希少な資源、例えば信用供与や施工設備が、他の農業経営形態へ流出し、小規模農業に供与されなくなる。そして、（iii）有望な新市場に参入する機会（野菜や牛乳など）が小規模農業から吸い上げられ、別の農業企業へと仕向けられる。

投資に関してもう一つの重要な側面は、脆弱性とリスクである。投資はさまざまなリスクに陥りやすいだけでなく、脆弱性を緩和する重要な手段にもなりうるからである。このように、投資を考える際には、気候変動に伴う脆弱性やリスクが改善される可能性など、前向きな見方も視野に入れておかなければならない（HLPE, 2012a）。

リスクは、事故が発生する確率と定義することができる。カプランとガリックは、「不確実性と損害」とを結びつけ、「脅威（danger）の源泉である危険要因（hazard）」と「リスク（risk）」とを区別している（Kaplan and Garrick, 1981）。このようにみるならば、小規模経営の生活は、多様なタイプのリスクを誘発するようなさまざまな危険要因に晒されており、農業システムから個人、世帯、さらにはコミュニティの各レベルで、直接的にも間接的にも、そうしたリスクに影響される恐れがあるといえるであろう（Gitz and Meybeck, 2012）。小規模経営は、さまざまな危険要因の影響を特に受けやすく、その結果、相互に結びついてマイナスの衝撃を増幅させるようなさまざまなリスクが、世帯の中で高まるのである。

危険要因は、世帯の生産的側面や商業的側面に影響を与えている。農業は、生産上のさまざまなリスクに陥りやすく、その多くは気候条件に直接・間接左右される（生育期間、病虫害、干ばつなど）。気候変動によっても変化しており、その変化はこれからも続くであろう。防御・対応できる技術力が足りなければ、数多くのリスクに対する脆弱性は高まってしまう。機敏に介入することが、効率性の決定的な要素だからである。投資は、農家レベルでも集団レベルでも、脆弱性を緩和する上で重要な役割を果たすことができるが、例えばアフリカではとくに、またアジアやラテンアメリカ、中・東

欧の一部でも、機械設備や動力化が不足しており、このことが生産性の上昇を妨げ、高水準の苦役を長引かせ、重量物の輸送力に制約を与えている。これこそ、肥沃度の向上や天然資源の管理、資源の多目的利用を可能にする条件であるが、農村部の大半では、極端に不足しているのである。

不確実な市場動向（価格の乱高下と販路の不確実性）や、市場動向に影響を与える政策決定の不確実性、情報の非対称性、小規模経営とその他の市場関係者との力の不均衡が、世帯やコミュニティのレベルで主要なリスクに転じる重大な危険要因として現れている（市場の失敗に関しては、次項参照）。

また、危険要因は、家族の福祉にも影響を与えている。家族福祉には、健康状態であったり、誕生から死にいたるライフサイクルを通じた社会的義務を伴う出来事が含まれるが、これらすべてが、最も弱い立場の世帯の食料・栄養保障に影響を与える可能性がある。こうした義務が、家計に影を落とし、農家の投資力に影響を与えるのである。

生産過程の季節性である。つまり、現金が不足する時期に——たとえ作期が短期間でも——「投資」が求められるのである。したがって、危険要因に晒される事態は、農業の季節性とも強く結びついており、作期が年1回しかない雨季のよ

うな時期や、とくにサヘル諸国やモンスーン気候のインドのように農業の生育期が季節によって著しく制約されている地域では、いっそう敏感な問題である。この種の制約はよく知られているものの、取り組みはまだまだ十分ではない（Devereux, Sabates-Wheeler and Longhurst, 2011）。1980年代以降は、マーケティング・ボードや農業開発銀行の廃止、農業プロジェクトの減少によって、投資に対する制約条件が大きくなってきたのである（World Bank, 2007）。

サービスが受けられず、公共財の供給が不十分な場合も、リスクそのものに対する小規模経営の脆弱性が強まる傾向がある。そのような制約条件に直面すると、小規模経営に及ぶ危険要因やそれにまつわるリスクが高まってしまう。国内価格がかなり不安定な状況で市場規制が不十分だと、小規模経営のリスクは高まってしまう。保健サービスが不十分だと、労働力不足などによって生産が低迷するリスクが高まってしまうのである。

表1は、OECD（2009）の示唆を受けて、小規模経営に影響を与えるさまざまなレベルのリスクを示したものである。こうしたリスクの多くは、脆弱性の要因であるだけでなく、実際には投資に対する制約条件としても機能している。十分調整された戦略や政策がなければ、資源に恵まれない小規模経営がこれらのリスクから身を守っていける可能性は、

ほとんどないだろう（ボックス2で、この事例を紹介している）。

■ボックス2■
相互に関連するリスクについてのラテンアメリカの事例

とくに中央アメリカと南アメリカで暮らす多くの小規模経営の状況を表した、悲惨ではあるがよく知られた特徴とは、栄養不良に苦しむと同時に、不毛の土地に囲まれた恵まれない小規模な農家家族というものである。これは、日常用語でいうところの、tierra sin brazos（人の手が加えられていない大地）や、brazos sin tierra（土地なし労働者）である。ここでは土地と労働力は分離されており、それゆえに生産性の低下が同時に起きている。過去の借金が返済されなかったために（おそらく、自然災害や不作、疾病、市場価格の低下などによる）、信用が再び供与されることはない。そして、たとえ信用が十分供与されたとしても、（取引費用が高すぎるために）有望な市場へのアクセスは見込めない。あるいは、例えば、輸出作物向けの信用は利用できるかもしれないが、多くの小規模経営がより大きな関心を持っているのは、果樹、ヤギ、乳牛といったものである（こうした作目は、同時に資本形成メカニズムとしても機能しており、家族向けの食料や市場向けの余剰品を供給するものである）。いずれ

にしろ、理由の多くがここに収束するが、結局は、停滞、貧困、資源の低利用といった同じことが再三繰り返されるだけである。こうした状態は、明らかにいくつかの相互に関連したリスクへと転化する。家族はあまりに貧しいため、手元の限られた資源をさらなる農業投資で被るリスクにさらすのは無理である。しかし、こうした状況に苦しむ小規模経営の家族は、市場では他の取引相手と同等の存在として、不確かでリスクが大きい取引相手になるのである。

出典：van der Ploeg（2006）より著者作成。

2 市場の失敗

市場に関する問題とは、小規模経営が市場の一部でありうるか／あるべきかという問題ではなく——小規模経営は市場経済の一部である——、小規模経営がさまざまな市場を利用して経済成長や持続性を得られるような条件とは一体どういうものかという問題である（ボックス3）。

小規模経営は、さまざまな市場の一部に完全に収まってはいるものの、市場の中では弱い立場にある。小規模経営が市場経済の一部として存在するための諸条件が、現在論争になっている。中でも、契約農業や価格変動規制、「イノベーション誘発プロセス」と結びついた投入財および生産物の相

■ボックス3■ 市場と小規模農業

小規模経営は、種々の市場に参加している。

・小規模経営の生産物やサービスの販路の役割をもつ下流市場。
・特定の投入財（や技術）が手に入る上流市場。
・小規模経営のさまざまな世帯員が賃金を得るために、自身の労働力を販売する労働市場。
・消費財を購入するための一般市場。
・土地の賃貸・売買、あるいは複数の世帯を交えた他の保有形態に参加するための土地市場。
・資金運用および投資資金を得るための金融市場（インフォーマルな金融業者を含む）。

小規模農業にとって、こうした市場への参加を左右する条件が、重要な問題である。

対価格、補助金が、大きな論点である。市場論争の一方の側では、農産物輸出市場に牽引された農業開発促進政策を支持している。貿易自由化が進められる過程では、投資は主として輸出向けのバリューチェーンの開発を支援する方向に向けられてきたが、このシナリオが小規模経営の貧困救済にとって有効なオプションであるのかどうかが、激しい論争になっているのである。

生産システムが限られた産品に依存している場合、小規模経営の市場での立場は弱まる恐れがある。小規模経営は、収穫期に低価格で販売せざるをえず、価格が上がったときに買い戻さなければならないことが多いからである。こうしたことが、（収穫期に所得が減少してしまうため）直接には所得に悪影響を及ぼすとともに、価格が高騰して世帯に必要な食料が十分得られないときには、食料保障にも影響するのである。

投資に対する制約条件は、価格の不安定性によって強められる（HLPE, 2011a）。高価格は生産者にとってはチャンスと見なすことができるが、食料を購入することの多い小規模経営は、食料保障においてまともに悪影響を被ってしまうからである。また、以前のHLPEレポートでも触れられているとおり、価格変動は国際的な変動とつながりのない国内要因によるものも存在する（HLPE, 2011a）。

アフリカでは、都市の市場が農業と経済成長にとっての強力なエンジンであるが、これまではうまく活用されてこなかった。都市の需要のほとんどは輸入の増加でまかなわれているが（Rakotoarisoa, Iafrate and Paschali, 2011）、潜在的収量と実際の生産性水準との間にギャップがあり、食料生産が進展する余地が大きいことを浮き彫りにしている（Jayne,

Mather and Mghenyi, 2010)。北アフリカ諸国はもっとひどい状態であり、沿岸部で暮らす富裕な都市住民は、アグリビジネスや小売チェーンの手の込んだ輸入食品にかなり依存している。その間、農村部では、市場から隔離されていることによって、高レベルの貧困が集中しているのである (CHIEAM, 2008)。

マーケティング・ボードその他の公共事業計画が廃止されると、小規模経営は市場の大きな失敗に直面することになった。市場を失ってしまう大きな原因となったのが、投入財や設備がほとんどの人の手に届かなくなったことである。また、市場が不確実であることから、小規模経営はリスク回避行動をとるようになった。不確実な状況下で、現金・所得の大きな制約に同時に見舞われたからである。こうした状況は、投資意欲を劇的に殺いでしまうことになった (Kydd and Dorward, 2004)。

多くの途上国では、農村人口の大部分が、まともな道路が利用できれば生まれるはずの経済的チャンスから、依然排除されている (UN, 2008)。道路の利用事情が最悪なのは、サハラ砂漠以南のアフリカ諸国であるが、アジアやラテンアメリカのいくつかの国でも、相当貧弱な状態である。道路利用が不十分だと、投入財の獲得から市場への産品の運搬、販売相手の発掘と取引のチェックなど、さまざまな費用がかさんでしまう。近隣地域に公共施設がない場合には、医療施設に通う費用も大きくなってしまう (UN, 2008)。

構造調整期以来、今日に至るまで、小規模経営の資本市場の利用が、世界の多くの地域で阻害されている。これには多くの理由が挙げられるが、とりわけ銀行が小規模農業との取引からの撤退を判断するような取引費用の増大や、銀行・小規模経営双方のリスク回避メカニズムが挙げられる。今では銀行は、小規模経営が潜在的な顧客である場合ですら、生産活動にともなうリスク部分を引き受けることに、ますます関心を示さなくなっている。同時に、農村部では貧困が常態化しているため、インフォーマルな信用の利用も阻害されるようになっている。ここにこそ、集団的・公共的な行動をとるべき問題が存在するのである。

途上国の農村世帯では、金融ニーズに際して依然としてインフォーマルな資源に大きく依存している。ラテンアメリカのいくつかの国では、農村部でフォーマルな信用が利用できるのは都市部の半数にすぎない。多くの国では、インフォーマルな金融業者が農村世帯に大部分の融資を行っている。金融業者の信用の源泉としての支配力は、貧困な農村世帯の間ではいっそう大きくなっている。例えばパキスタンとカメルーンでは、貧困な農村世帯の中で銀行やマイクロファイナンス機関を含むフォーマルな金融業者から借りることができ

たのは、5％に満たなかったのである。

公共部門の役割の変化

過去30年の間、経済的・制度的環境は大きく変化してきた。経済的・制度的環境とは、市場の構築や参入保証、規制を行う組織・インフラ・制度であったり、研究・普及を通じて技術や組織に関する知識を利用できるかどうかも指している。「都市偏重型〔政策〕」の拡大とともに、農村部での研究や普及、信用、支援に要する公的支出の急激な削減が、経済的・制度的環境の変化の一部となっている。近年では、土地収用過程が、小規模農業の新たな「脅威」となっている。構造調整が始まって以来、小規模農業を支援する公的事業計画・政策のほとんどが廃止される一方で、農業の進歩のためのおもな手段は市場であると奨励されてきた。このような考えはあまりにも単純であることがわかってきたが、同時に都市市場に牽引された市場経済の発展によって農業の進歩が歴史的に築かれてきたことも、認識しておく必要がある。

3 経済的・政治的関係における力の不均衡

投資を行う際には、農民組織や協同のネットワークが法的・制度的な役割を果たす可能性がある。小規模農家が環境改善に関わろうとするためには、交渉技術や交渉力、政治的発言力が重要だからである。ここで重要な問題となるのは、大半の小規模農家には力と交渉力が欠けていることである (Barrett, 2008)。

この25年の間に、国内的にも国際的にも、小規模経営の発言力をめぐる制度的情勢が変化してきた。小規模経営の組織は、一定の地位を獲得しており、今では政策に影響を与えたり組織構成員へのサービス提供につながるような意見を、さまざまなレベルで通すことができるようになっている。小規模経営を組織して交渉力を高めたりする上で (Rondot and Collion, 1999)、政策決定に影響を与えたりする上で (Mercoiret, 2006)、小規模経営自身が設立する協同組合や協会が効果的な方法であることが明確になってきた。世界銀行の支援プロジェクトでは、農村生産者組織に対する支援が主流化し、実際に行われているが、そこから得られた経験が示すように、小規模経営の資産を増大したり利用を改善したりする上で、生産者組織には大きな可能性があるのである (World Bank, 2012) (ボックス4参照)。

農村生産者組織が、権利や利害を守り、会員・非会員にも財やサービスを提供する役割を果たしていることについては

（コロンビア・コーヒー生産者連盟の場合を参照［Bentley and Baker, 2000］）、集団活動の長い歴史をもつOECD諸国でも、途上国における新生の組織・団体でも、実証的な証拠が数多く記録されている（マラウィの経験についてはChirwa and Matita, 2012、成功した小規模経営組織に関するおもな要因をまとめたものについては、Thompson et al., 2009 を参照）。

■ボックス4■ 農村生産者組織の能力向上における世界銀行の経験から得られた主要な教訓

1. 農村の生産者組織の支援メカニズムが有効であるかどうかは、さまざまな利害関係者同士の交渉プロセスの質や、組織された生産者が交渉において効果的な立場にあるかどうかによる。
2. 農業サービス支援プログラムの社会経済的・制度的状況を考慮に入れながら、状況の推移に応じて範囲を広げた漸進的な支援メカニズムを設計することが求められる。
3. 農業サービス支援プログラムの要素である「農村生産者組織支援」に自治を認める必要がある。
4. ローカルなレベルで設立される特定の基金は、関連するイノベーションをもたらし、生産者に高く評価されている。こうした基金を徐々に普及し、その経営管理を分権化することが、望ましい変化の道筋である。
5. 草の根の農村生産者組織に加えて、全国的・地域的な農生産者組織を支援することが求められる。
6. 農村生産者組織の充実は、需要者本位の農業サービスをつくりだす。しかしながら、設立された組織が効率的かどうかは、供給されるサービスの質と多様性にも左右される。
7. 農業サービスを改善する範囲が、農業生産活動の経済環境の欠陥によって狭められるおそれがある。
8. 農村生産者組織の支援プログラムは、貧困削減に貢献する。
9. 農村生産者組織の能力を引き出すための活動は、以前から存在していた組織の力学に間違いなく影響を与える。そのような力学に注意を払い、その力を搾取しないことがぜひとも求められる。
10. 農業サービスの再編インパクトが増幅した効果をあげるには、国民的教育と農村訓練の戦略を同じ目標に向けて確定・実行するような努力が払われることが求められる。
11. 農村生産者組織の能力が高まれば、農村地域における草の根レベルでのさまざまな協調介入が進むだろう。

出典：World Bank (2012)

小規模経営組織は、以下の三つの主要分野で、制度的環境

を強化する重要な役割を担っている。

- 小農経営、とくに最貧困層のニーズや資源にふさわしいサービスの再構築。
- 他の経済主体との交渉力の強化や、遠隔地市場への単なる参入改善などを含む小規模経営の販売力の向上。
- とくに農業・農村政策を推進する上で、小規模農業の特殊性と貧困打開の役割を考慮に入れながら、地方レベル、全国レベル、地域レベル、国際レベルでの政策決定過程に影響力を発揮すること。

小規模経営の基本的人権に対する社会的承認およびアクセスの欠如

国連総会の中に設置された人権理事会専門家委員会に委託された最近の研究では、「最も弱い立場の人びと」だとされているこの人びとが、小農（peasant）その他農村で働く人びと、とくに該当するのが「小規模農家、土地なし労働者、漁民、狩猟民、採集民」であるとしている。「経済的、社会的および文化的権利に関する国際規約（社会権規約）」や「市民的および政治的権利に関する国際規約（自由権規約）」の下で、基本権の承認が急がれる。基本権に含まれるのは、（ａ）食料に対する権利、（ｂ）適切な住宅に対する権利、（ｃ）健康に対する権利、（ｄ）水や衛生に対する権利、

さらに（ｅ）教育に対する権利、などであって、小農その他の農村部で働く人びとの権利を保護していく上で最も関わりのあるものである（Human Rights Council, 2012）。

もちろん、国によって事情はかなり異なっているものの、ブラジルや中国における近年の経験が示すように、この側面は重要である。例えば、これらの権利は、社会的保護の可能性を切り開いて、小規模農家の福祉に役立ったり資源基盤の拡大に資することを目指すような政策手段の一部になりうるのである（HLPE, 2012b）。現在ではこうした認識が国際的な政策課題（アジェンダ）になっているが、各国の政策や立法にも持ち込まれて、そうした認識が各国の政策や立法の一部にならなければならない。

IFADが開設した農民フォーラム（the Farmers' Forum）で主張されたように、上述の諸権利を承認するということは、国が小規模経営組織の代表者を政策論議の共同参加者として認めるということである（IFAD, 2012）。それはまた、社会的・職業的権利を新たに規定し直すことにもなる（例えば、ブラジルの法律では、家族経営農業ならびに家族農家のさまざまなタイプを対象にした支援策が規定されている［MDA, 2010: Maluf, 2007]）。同様の動きは、農村の生産者組織の強力なアドバイスの下で基本法（Orientation Laws）が協議されたセネガルやマリなどの国にもみられる。法律だけでは

事態は変えられないが、もしも小規模経営の代表が十分に結集できれば、変革を起こすことは可能である。

4. 小規模農業における投資の制約条件の類型化に向けて

前述したように、小規模経営はかなり多様な存在であるため、その説明方法も数多くある。小規模農業を「類型化」する試みは、いずれもさまざまな基準を使って多様な目的に役立てることができよう。本報告が目指しているのは、小規模家族経営の投資能力や投資意欲を促進または阻害するという基準を用いることである。ここでは、投資を決定する際の根本要因を、次の三つの側面に分類している。つまり、資産・市場・制度に関する投資の制約条件である。実際には、これらの基準はいずれも類型ないしは状況を規定するものであり、いずれも異なった行動タイプが求められるものである。

投資を促進する鍵は、もちろん資産である。資産は、担保として用いられたり、所得や資本形成を規定するものだけである。また、資産の量、質および性質も、小規模経営が最も容易に取り組める投資のタイプに影響するのである。市場がいかに機能するかも、投資の見込みや、どうすれば期待される追加所得を新規投資が生み出せるかを規定する。ここでは、市場の全体的な秩序化やそれに関連する力関係の

みならず、農工間の取引関係が役割を果たしているのみならず、価格が安定しているか不安定であるかもう一つの重要な問題は、価格が安定しているか不安定であるかである。その際、小規模農業と国家との全般的な関係だけでなく（この問題はすでに「都市偏重型［政策］」として論じたとおりである）、市場に近いか遠いか（したがってインフラのありよう）が関係してくる。また、（途上国における国内成長市場のような）有望な市場に参入できないことも、もう一つのきわめて重要な要素である。さまざまな市場関係者との力関係で均衡がとれることが、小規模経営が利益を上げていく上での鍵である。市場関係というこの第二の側面は、小規模農業とそれが埋め込まれている経済環境との相互作用を反映・集約している。市場に恵まれていれば、資本形成やそれに伴う発展・成長の過程で、小規模農業の大きな力になるだろう。市場に恵まれなければ、こうした過程は阻害されてしまうだろう。

第三の側面は、制度や政策に関連しており、そこには力関係が含まれる。ここでは、ジェンダー、階級、農業構造、少数民族差別、抑圧体制、草の根組織、財産権、そして農業・農村政策のすべてが関わる可能性がある。これらの変数は、相互に強めあったり反発しあったりと、複雑に影響しあう。ある時には相互に強め合うと思えば、またある時／ある場所ではより均衡のとれた状態になることもあるだろう。この第

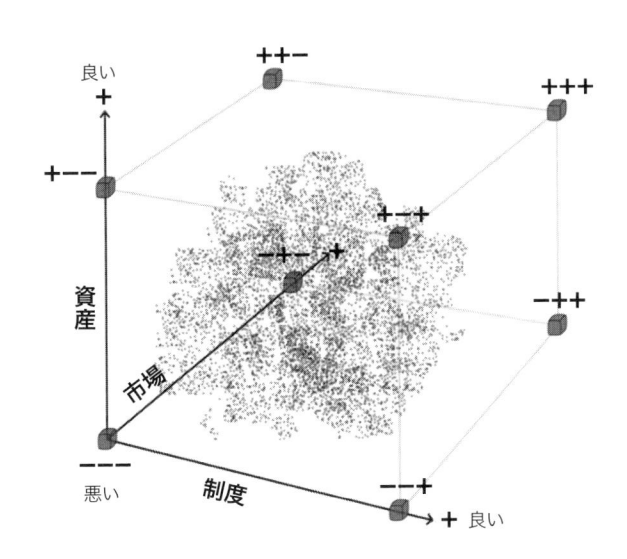

図6 資産・市場・制度にまつわる投資制約に対する小規模経営の多様な状況

雲状の分布を形成している小さな点は、小規模農家経営の予想される状態を、状況に沿って示している。図中の小さな立方体は、表2で示した典型的な状況を表している。

三の側面の両極には、プラスの側として、ある程度自立性が許されるような資源基盤を自ら管理し、十分認定・承認された権利をもって保有できる小規模農業がある。こうした小規模経営は、市民社会において重要で立派なメンバーだと見なされている。他方でマイナスの側には、自分の資源を保有することが困難で、従属的な関係に引き込まれざるをえないような、極めて従属的な小規模農業がある。多くの場合、こうした小規模経営は権利が尊重されず、発言も無力である。彼らの社会経済的重要性は、ここでは無視されているのである。

では、これらの三つの異なる側面は、一般的に言うと、マイナス面としてのように作用するのであろうか。一般的に言うと、マイナス面として、不安定な状態が生じ、農業生産のさらなる発展どころか、結局は貧困、飢餓、生産不能に陥ることになる。しかしながら、そうした不安定性やそれに続く麻痺状態は、単に三つの側面が加算された結果ではない。望ましくない結果を生み出すような形で相互に作用し、結合した特有の形態なのである。

例えば、資源賦存量の水準が低い場合、資本形成や規模拡大、多様化、多就業化によって補うことができる（Bennett, 1981）。市場の状態が恵まれない場合でも、十分な資産がありさえすれば、小規模経営は耐えることができる。しかしながら、マイナスの市場状態と資源量がぎりぎりしかない

表2 資産・市場・制度にまつわる投資の制約条件の類型化に基づく
小規模経営の典型例

A	M	I	特徴付け／例示
＋	＋	＋	相当発展し、バランスのとれた高生産性経営に見られる典型的なヨーマン（富農）タイプの状況。農家経営は家族によって営まれているが、かなりの相続財産を有しており、財産の多くは数世代にわたって形成されてきたものである。このタイプの農家は、農業以外にも投資を行うことができる。例えば、20世紀初頭におけるナイジェリアのココア農家は、橋や道路の建設資金を拠出することができるほどであった。
＋	＋	－	このパターンは、不安定な状態をもたらす。小規模経営は「伝統的」で「受動的」な存在として現れる。つまり、前進もせず、抵抗もしない経営である。投資の低下もみられる。この状況は、資本の流出すら招く恐れがある。小規模経営の多くは、出稼ぎ労働に従事する可能性が高い。このような状況では、例えばベトナムやフィリピンで起きた「正当な抵抗運動」を引き起こす恐れがある。
＋	－	＋	この組み合わせには、停滞がつきまとう。小規模経営は、資源基盤のいっそうの規模拡大や改良に向けた投資は特に控えている。このような小規模経営は、生産活動をかなり大きく多角化する可能性が高い。多就業化は、例外ではなく普通である。極端な場合、農業経営から離脱することもありうる（一方、負債をかなり抱えた農家は、破産に直面することもありうる）。
＋	－	－	停滞と不安定性。この状況は、「構造的退縮」という特徴づけがなされてきた。農家は投資をやめている（「自家消費」）。この状況では、小規模経営は「未来のない人びと」として現れる。この状況は、大規模な離村を引き起こす恐れがある。ラテンアメリカの山岳地帯で広範に広がっているが、それ以外の地域でも見られる。歴史的文献としては、ジョン・スタインベック『怒りの葡萄』（1939年）で垣間見ることができる。
－	＋	＋	相対的に有望な市場状況と農家寄りの政策状況の下で、貧しい小規模経営が懸命に働き、生産し、投資を行っている状態である。ここでは、小規模経営は自らの生活を改善するために働くたくましい人びととして現れ、特に子どもの幸せをもたらすために働いているのが典型的である。ここでは、所得向上の追求が農業生産の増大へと展開している。このタイプは今日の中国やブラジルでかなり多く存在するが、両国以外でも存在している。
－	－	＋	こうした特徴が続くと、小規模農業は自家消費のみに限られるといった特徴を有する可能性が高くなる。
－	＋	－	政治的・制度的な機能不全によって不満が鬱積し、「期待が高まる」状況。この状況において、犯罪、暴力、無政府的な農村運動が出現する。「コカ生産者」と同様、サパティスタが、こうした状況の象徴例である。
－	－	－	フランツ・ファノン『地に呪われたるもの』（1961年）という位置づけ。小規模経営は閉塞感にさいなまれ、貧困、飢餓、将来展望のない状態から脱出する可能性すら見失われている。これが、今日の農村貧困層の大多数である。

A＝資産；M＝市場；I＝制度

表3　さまざまな発展経路に基づく制約条件への異なる対応（少数の事例）

制約要因	制約要因のさまざまな表出	第1経路 近代化過程の小規模農業（例　チリ）	第2経路 統合という選択を探る小規模経営（例　ブラジル）	第3経路 小規模経営を基盤とした発展（例　ベトナム）
資産へのアクセス	永続的貧困、資源利用の欠如、リスク、限界的な資源基盤	生産物を差別化するための資産（情報、訓練、産品加工、産品多角化、セーフティネットとしての食料自給、持続的な作付パターン利用）訓練と教育	土地資産増加のための社会運動に牽引された農地改革過程、加工・ラベル付けを含む農産物の多角化 訓練と教育	土地（と水）の再配分。コメから高付加価値品へのシフト（果実、野菜、小型家畜、養殖など）。自己消費を通じた食事の多角化。農業以外への多角化（訓練、教育）
市場	価格－費用圧搾、価格の乱高下性、都市偏重、歪んだ市場関係	品質指向で生産者組織を経由した、特定市場とのつながり	小規模経営を対象とする公共調達、ローカルなラベル付けされた市場、集団行動経由	集団的な市場参入 格付けと品質基準の導入
制度	政策環境の失敗、承認・権利・発言力の欠如	持続的・経済的方法で行われる、品質や多角化志向の研究・普及	必要時には土地利用拡大に向けた政策改革、高品質の産品のラベル付けに対する支援、持続的農業の研究・普及	持続的な作付パターン支援に向けた研究・普及

出所：著者作成。

状態とが影響し合うと、小規模経営の状態はさらに悪化するだろう——つまり、比較的少ない資源量がさらに失われることになろう——。というのも、銀行は、こうした状態についてはほとんど収益性がなく、リスクが高すぎる、ないしは取引費用が大きすぎると判断するにすぎないからである。

総合すると、この三つの側面は、典型的な八つの状態を規定している（もちろん、実証に基づいた現実では、八つの状態の中間にも多くの状態がありえよう）。その結果、小規模農業を特色づける典型的な特徴が浮かび上がる。ポイントは、そのような特徴が固有のものではなく、生み出されたものであるということにある。表2は、さまざまな制約条件が結合して生み出されるさまざまな状態を要約したものである。

投資の制約条件として一体どのような特徴を捉えるかは、小規模農業が関わる具体的な発展経路にかなり大きく左右される。また、どのような特徴を捉えるかは、小規模農業の戦略的な見方にも大きく左右される。認識の差異は、違った対応をもたらすだろう。同じ一つの制約条件を孤立したものとして見なす場合とは違ったやり方で処理されるだろう。網羅的な方法ではないが、それを示したのが表3である（すでに論じた五つの経路のうちの最初の三つに限定している）。例えば、土地が利用できないケースを取り上げてみよう。第一

の経路では、このようなケースは、近代的な中規模経営の創出を鈍化させるような土地流動性の障害と見なされるだろう。そして、市場志向型の農地改革をつうじて（例えば、南アフリカで試みられたように）、または小規模経営に管理される灌漑事業よりも大型の灌漑事業に投資することで（ペルーのマヘスについてはVera Delgado, 2011を参照）、この問題は解決されるというのが典型的であろう。その結果は、中規模企業家的経営の出現・強化ということになろう。それでもなお、中心的な二つの問題が残ってしまう。小規模経営や小規模農業に対しては、その間、一体何ができるのだろうか、という問題である。

表3は、これについていくつかの示唆を与えてくれる。第二の経路は、おそらく中規模経営部門を対象にして、作物栽培パターンや家畜飼育のやり方などの転換を誘導することが必要であるということになろう。この第二の経路では、土地不足は小規模経営やその子孫、土地なし住民において典型的な問題であるとされる。その場合、農地改革は、社会運動に牽引されたり、国家に統制された形をとるであろう。ただし、農地改革は大規模農場寄りに位置づけられ、彼らを直接脅かすことはないだろう。それに対して、第三の経路では、土地利用の欠如は不平等であると理解され、土地再配分が農業・農村政策の鍵を握るという結果になる。同様の推論が、その

他の制約条件についても可能である。

【注】

（8）この報告は、小規模経営の視点で耕種畜産システムをおもに取り上げているが、分析や勧告の中には、それ以外の生産システムにも適用可能なものがある。漁業や養殖業といった特定のテーマについては、食料保障と栄養供給における持続的な漁業・養殖業の役割に関する近刊のHLPE報告（2014年発表予定）で、おもに取り扱われる。

（9）「農業経営（agricultural holding）」とは、農業生産を目的に、所有権や法的形態、規模にかかわらず、全部もしくは一部が利用される家畜や土地のすべてを単一の経営管理下においた農業生産の経済単位である。単一の経営管理とは、一個人や一世帯によるもの、複数の個人や家族によるもの、一族や部族によるもの、ないし企業や協同組合、政府機関といった法人によるものがありうる。経営される土地は、一つないし複数区画の土地であったり、一つないし複数エリアや、もう少し広い地域や行政区に分散している場合もあるが、いずれにしろ、労働、農場内の建造物、機械や牽引家畜などと同じく、生産手段として用いられる」（FAO, 1995）。

（10）アメリカでは、販売額を基礎に小規模農場を統計的に定義づけている（本章第1節3を参照）。

第1章 小規模農業と投資

(11) 2000年資源法 (http://www.gpo.gov/fdsys/pkg/BILLS-106hr798ih/pdf/BILLS-106hr798ih.pdf)

(12) Lei n°. 11,326, de 24 de julho de 2006.

(13) http://www.ifad.org/pub/viewpoint/smallholder.pdf この定義では、小規模農場は 2 ha 未満である。

(14) この81カ国で、世界人口の3分の2と世界の耕地面積の38％を占めている。

(15) ここでは、こうした統計データを用いた公的な助成配分に関する論争には立ち入らない（論争については、Wise, 2005 や、http://usfoodpolicy.blogspot.fr を参照）。ただ、市場貢献度によって測られる（たとえわずかでも）この「階層」が重要であることを強調したいだけである。小規模経営の大多数は、粗生産額1万ドル未満だからである。こうした農場を営む世帯は、さまざまな目的を追求したり、所得を得るために農業以外の活動を兼ねており、そのことはここでの定義にぴったり合致している。

(16) 例えば、全国プログラム (http://www.nifa.usda.gov/familysmallfarms.cfm) や、オレゴン州立大学 (http://smallfarms.oregonstate.edu/)、コーネル大学 (http://smallfarms.cornell.edu/) といった研究・普及を通じて小規模経営の発展を支援する土地付与大学 (Land Grant University) の事例を参照。

(17) ボックス1の著者たちは、われわれの小規模経営についての共通理解とはやや異なった経営をみている。ボックス1での経営とは、完全に商品生産を行っている、強力な家族経営である。そうした農家は、プラスの相乗効果が起きるかもしれないことから——権利争いになることもあるが——無視すべきではない。また、集団組織の中では異質な構成員があまり裕福でない構成員に対してプラスの成果をもたらすことが実証的には明らかになっている。しかしながら、本報告の範囲からすると、そのような経営は、われわれの主たる焦点にはなりえない。

(18) http://www.dictionaryofeconomics.com/dictionary

(19) 長期にわたって肥沃な土壌をつくることは、小規模農業における重要な資本形成の一つである。

(20) またこのことは、貨幣資本に対する収益性が不十分であるため企業的農業が成り立たない条件下でも、なぜ小規模経営が存続しうるのかを説明している。

(21) 法律名は「家族農業と農村家族企業に関する国家法」http://www.planalto.gov.br/ccivil_03/_ato2004-2006/2006/lei/l11326.htm

(22) http://loa.penserpouragir.org. を参照。

第2章 なぜ、小規模農業へ投資するのか

われわれの分析において、小規模経営の投資はどこまで及び、投資環境とは何かを把握したり、投資に対する制約システムを理解することは、分析の始まりに過ぎない。これらの点については第1章で論じたが、われわれが本当に問題にしているのは、小規模農業への投資を促進するためにわれわれは「何をなすべきか」ということである。これについては第3章で論じることになるが、その前に「なぜ、小規模農業に投資するのか」について理解しておく必要がある。

したがって、農業と経済の双方で構造変化が進む状況の中で、小規模農業が現在および将来において果たす役割を理解しておく必要がある。これが、本章の目的である。

投資が必要であることは、小規模農業の重要性とは何かについて、さまざまな側面から理解することが求められる。投資を促進する根拠となるのは、社会が農業に対して、そして

小規模農業に対して期待している役割である（本章第1節を参照）。また、投資促進の根拠としては、小規模農業の動態や小規模経営の推移が刻まれる傾向についても注視する必要がある（本章第2節参照）。

マクロ的な状況（都市化や人口構成の変化等）から地域的な状況（土地の利用・保有や人口密度）まで、さまざまな規模で働く力とは、どのようなものだろうか。農業および小規模農業が経済全体の中で今日果たす役割とは一体何だろうか。現在みられる傾向が続くとすれば、食料保障や持続可能な発展のために小規模農業が将来果たす役割とは、どのようなものになると考えられるだろうか。また、これらの傾向を変えるために行動を起こす場合、どのような方向転換の余地があるのだろうか。第1章でみてきたように、小規模経営は世界のすべての国に存在するが、小規模経営のおもな役割や機能、

第1節 食料保障と持続可能な発展を実現するための小規模農業の役割

1960年代から2007〜2008年に起きた最新の食料危機までの数十年間は、政策志向や経済動向が今日ほど小規模農業に向けられていたとは必ずしもいえず、以下の例のように、概して別の方向に関心が向いていた。

(ⅰ) 農業経営システムの改善に対する関心よりも、生産を伸ばすための技術体系の改善に焦点が当てられていた。

(ⅱ) 多くの発展途上国で、経済や市場への国家介入が削減される（いくつかの国では消滅さえした）一方、先進国ブロック（アメリカやEU）や新興国（ブラジル、中国、インド）では、スケールに差はあるものの、依然として農業支持政策が行われており、両者の不均衡化が進んだ。

(ⅲ) さらに、多くの途上国では、構造調整計画によって、いくつかの主要な農業銀行（多くが国とのつながりをもっていたか、国の支援を受けていた）が次々に閉鎖された。国の支援する改良普及サービスや応用研究が消滅し、農村地域のインフラへの公共投資が削減された。

将来のビジョンは、小規模の農民的農業よりも、大規模で工業的な農業に向けられていたのである。しかし、これらの政策 (Interagency Report, 2012) にもかかわらず、2015年を目途に設定された主要なミレニアム開発目標（とくに貧困軽減や飢餓撲滅）が達成されない可能性があるということを、今日、国際社会は認識している。世界の貧困層のほぼ70％が農村の貧困層であり、彼らの多くが農業に頼った生活を営んでいる。同じことが、飢餓と栄養不足についてもいえるのであり、こうした状況も農村地域に多く存在している。これこそが、中心的な問題の一つであって、もし食料保障、貧困撲滅のための闘い、および経済発展といった目標が実現されれば、多くの小規模経営の暮らしは改善されるだろう。農業とは、生産するためだけにあるのではない。生産的な雇用を創出・維持し、農村経済で暮らす数十億の人びとがまともな生活を

第2章　なぜ、小規模農業へ投資するのか

本節では、食料保障と持続可能な発展における小規模農業の役割について、食料保障の四つの側面から、いくつかの事例を検討する。そして、小規模農業の重要性とともに、食品加工、フードチェーンと消費者とのつながりや、社会経済的な共同組織・団体、農外部門における多様な経済活動、経済成長、環境問題などにおける小規模農業の役割を指摘する。最後に、小規模経営システムの文化的・社会的重要性について言及する。

1　食料保障

食料保障に対する小規模農業の貢献は、食料保障の四つの側面との関係で検討されなければならない。四つの側面とは、食料生産（入手可能性）、生計と所得の提供（アクセス）、食生活を多様にする方法（栄養摂取、水質、衛生などの食材の利用方法）、および価格乱高下や市場関連その他のショックに対する緩衝装置（安定性）である。

生　産

小規模農業が高い生産力を示すことは、少なくない。多くを保護して持続可能な利用を行うためにあるのである、生計の基となる自然資源基盤を送れるような所得を生み出し、生計の基となる自然資源基盤の高付加価値作物、例えば労働集約的農業によって生産される天然ゴム、果実、および野菜は、他の農業形態よりも十分発達した小規模農業においてこそ良好な成果を発揮しているそれは、小規模農業は自営農業であるがゆえに労働に対するインセンティブが有利に働く構造があるのに対し、雇用労働力を用いる場合は、厖大な取引・管理費用がかかるためである。

中国には、世界農業センサスによると2億戸近い小規模農業経営が存在しており、ダン（Dan, 2006）によると、少なくとも2億5000万戸の小規模家族農場が存在するという。彼らは世界の耕作可能な全農地の10％を利用しているにすぎないが、世界の食料の20％を生産している。これは、小規模農業が達成しうる生産力についての重要な証拠である。

小規模農業は食料保障に対して、戦略上重要な貢献を果たしている。ブラジルでは「家族農業」（第1章の定義を参照）が牛乳の58％を生産している。鶏肉と豚肉ではそれぞれ50％および59％である。コーヒー豆では小規模経営の貢献度は38％、トウモロコシでは46％であるが、豆類にいたっては70％、キャッサバでは87％に達する（IBGE, 2009のデータによる）。

ベナンでは小規模の家族単位の経営に担われた伝統的部門が、パーム油生産量の80％を占めている。パーム油製造の家

内工業は川上部門の変化（生産者の原料供給量の変化）や川下部門の変化（需要の変化）につねに対応しつつ、多くの地域市場に商品を供給してきた。新技術によって、今ではこのパーム油部門の安定性が保障されるようになっている。パーム油については、ベナンと同様の状況が、ナイジェリアその他の西アフリカ諸国や中央アフリカ諸国においてみられる。他の商品についても、多くは女性によって担われる家内工業の多様な形態を挙げることができる。例えばブラジルのファリーニャ（キャッサバでん粉製のパン）やインドネシアで大豆からつくられるテンペの生産では、何万もの小規模経営体が重要な役割を果たしているのである。

このように、小規模経営が単位面積当たりで高い生産水準を達成する能力があることは、さまざまな場所や時代において広く立証されている（例えば、1960年代のラテンアメリカについて報告したCIDAの the Comite Interamericano de Desarrollo Agricola (Netting, 1993)、および世界銀行が近年発表した論文 (Larson et al., 2012)、そしてヨーロッパ農業について類似の分析を適用したファン・デル・プロ (van der Ploeg, 2008) の論文を参照）。

また、生産要素と投入財へのアクセスが制限・制約されていることで、小規模経営はこれとは反対の状況に直面することがあるかもしれない。これを根拠に、増え続ける人口に対して小規模農業が食料保障を実現するための解決策になると いう主張に異議を唱える者もいるだろう。しかし、小規模農業は、場合によっては大規模農業よりも高い収量を実現することができる。この事実は、議論の中心を生産モデルや生産規模の変化におくのではなく、生産要素や投入財へのアクセス制限・制約問題を小規模農業がどう克服するかにおくべきだと主張するのに十分な根拠を与えている。

所 得

小規模経営は家族を養うための生産も一部行ってはいるが、彼らはまた市場経済の重要な一部でもある。文献の中では、自給的小規模経営についての言及がしばしばみられるが、そこでは自給的小規模経営はほとんど「消えゆく」タイプ（または「理念型」）だと考えられている〔注〕。世界のほぼすべての地域において、ほとんどの地域でもはや存在しない「理念型」だと考えられている〔注〕。世界のほぼすべての地域において、食料、工業製品、あらゆる種類のサービスに農家がアクセスするには、所得が重要になる。したがって、ヘクタール当たりの生産額は重要なパラメーターであり、とくに利用できる経営規模が「小さい」ときには、いっそう重要になる。また、小規模農業は労働集約的であるため、雇用がどれほど大きいかも重要な構成要素となる。

〔注〕ここでは、完全自給自足の小規模農業について述べており、

小規模農業における部分的自給活動が消滅すると述べているわけでは決してないことに注意されたい。

中小規模の農業経営が生産活動を拡大し、生産と加工を結びつける場合、その所得獲得能力は格段に強化される。とくに、生産物が地域の食料市場や文化にとって重要なものである場合は、こうしたことがよく起こる。経営規模にかかわらず、こうした生産システムは、多くの国で文化的、社会的、経済的に重要な位置を占めている。これらの生産システムによって生み出される雇用数は、とくに農村地域においては無視できないものである（ボックス5を参照）。

■ボックス5■
インドとコロンビアにおけるサトウキビの小規模加工業の可能性

インドにあるジャグリ（グルとも呼ばれる）とカンサリは、伝統的な甘味料（サトウキビと糖蜜からつくられる砂糖ジュースを混ぜたもの）であり、年間約500万tと広く普及しているが、1日当たりの製造能力が1～5tという単位で加工されている。それは、約100万haで収穫されたサトウキビ5000万tの利用に相当する。

ジャグリとカンサリは、サトウキビ製品の32.5％のシェアを占め、250万人以上が従事する小規模工場（家内工業）で加工されている（Murthy, 2010）。その大半は農村部で消費され、それが全体のほぼ70％を占める。ジャグリとカンサリの二つの甘味料にはミネラルと微量栄養素が含まれており、インドでは（他地域と同様に）世界の砂糖消費が精白糖にシフトしていることを問題視している。インドのサトウキビ産業は、世界価格との競争に直面しており、それゆえ競争力を維持するには近代化によって加工産業の優位性を十分確保することが必要である。それは、必ずしも加工場の規模を拡大しなければならないということではない。

サトウキビの加工については、コロンビアのトラピチェ（加工場）では、およそ1万2000～1万5000頭の家畜の牽引力を利用して、年間推定85万tのパネーラ（panela）が生産されたという。これは、収穫面積では19万1000haに相当する（Boucher and Muchnik, 1998）。それによって、サトウキビ栽培に約900万労働日、加工に1500万労働日が生み出され、常用雇用では5万～7万人に相当する。

これらの数字は、更新する必要がある。コロンビアのパネーラについては、「砂糖連盟」（Fedepanela）という全国団体があり、加工業を結集することによって、国政課題に向けて声をあげることができるのである（http://www.fedepanela.org.co/ 参照）。膨大な数の職、所得、付加価値を有しており、さらに地域開発においてもきわめて重要であるだけに、その活動実態についてはもっと正確に描写されてもよいだろう。

出典：インドについては、Jagannadha Rao, Das and Das (2007)、Muchnik and Treillon (1990)、Murthy (2010)、コロンビアについては、Boucher and Muchnik (1998)。

小規模農業の単位面積当たり生産額は、大規模農業のそれよりも上回ることがある。これは、アジアの、とくに稲作生産システムにおいて確かにみられる (Stoop, 2011; Jaffee et al., 2012)。また、大規模生産システムと小規模生産システムとが共存しており、両者の比較が可能な地域においても、このことがいえる。例えば、ブラジルでは、最近のセンサスによると、「家族農業」は全農地面積の24・3％しか占めていないのに、農業就業者総数の74％と、農業総生産額の38％を生み出している (IBGE)。絶対数でも示すことができる。すなわち、企業的農業の生産額は、年間1ha当たり平均358レアルであるのに対して、小規模農業の生産額は677レアルである。大規模農業や大草原地帯パンパでの近年の生産拡大がよく知られ、大規模農業経営が絶対額では生産を独占しているアルゼンチンでも、小規模経営の単位面積当たりの生産額は大規模生産者よりも平均1・5倍高くなっている（図7）。

食生活の多様化

有効なインフラ、市場、および政策が幅広いレベルで実現されるならば、小規模農業は、小規模経営自身と都市住民の双方の食生活パターンを改善する鍵の役割を果たしうる。インドにおける「白の革命」（ボックス6）は、包括的な政策志向計画の中で、技術的、組織的、制度的側面を結合することで、開発路線が功を奏した顕著な例である。この計画により、高品質な商品を求める市場の需要に対応できるようになり、（牛を少なくとも一頭飼っている）土地なし農民ないし零細農民などの貧しい農家や、やや貧しい農家が、所得を得ることが可能になった。またこれは、農村部と都市部の栄養改善においても顕著な成果となった。

安定性

小規模経営は自分のために生産していることから、小規模農業の資産は、食料保障の安定性の面で強みがあることは明白である。

小規模経営は、家族を養ったり、血縁・地縁の互酬関係を維持するために、割合はさまざまだが、生産物を幅広く共有している。こうした行動は、時代に逆行する態度ではなく、不安定な市場から自らを守る手段のひとつでもある。自給食料をこのように共有することは、小規模経営のリスク管理戦

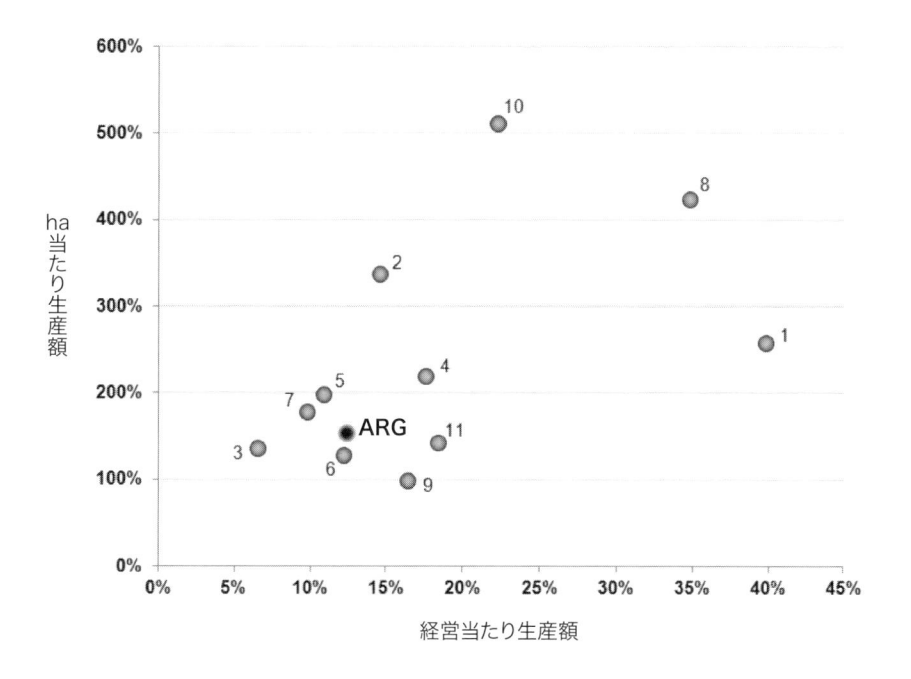

図7　アルゼンチン各地における小規模経営と大規模経営の生産比較
　　　──単位面積当たり・経営生産額当たり──

　注：横軸：大規模経営を100％としたときの小規模経営の経営当たり生産額、縦軸：大規模農家を100％としたときの小規模経営のha当たり生産額　アルゼンチンにおける小規模経営の定義は、第1章第1節の2を参照されたい。図中のプロットは、各地の平均値を表す。
　地域（プロット番号）：1. Puna, 2.Valles del NOA, 3.Subtropical del NOA, 4.Chaco seco, 5.Monte Arido, 6.Chaco, Humedo, 7.Mesopotamia, 8.Patagonia, 9.Pampeana, 10.Oasis cuyanos, 11.Valles patagonicos, ARG. 全国平均。
　出所：de Obtschako, Foti and Roman, 2007に基づいて筆者が算出。

略の重要な要素であり、食料へのアクセスや、不完全で不安定な市場に直面したときの物資不足やリスクの管理において、一定水準の自律性を確保するためのものである。

同様のことは、先進諸国でも認められる。これらの国では、自給的農業は、農地にアクセスできる低所得世帯や経済的に脆弱な世帯にとって、一つの生存戦略となっている。自給的農業は、とくに経済危機が起きたときに、市場での出費を逃れるための手段になる。このことは、住民と農村部の農地とのつながりがいまだに強い先進国ではとくに当てはまり、例えば東欧諸国や南欧諸国で多数の小規模経営が依然存在することとも合致するものである。（Eurostat, 2012）。

■ボックス6■ インドの「白の革命」

インドにおける酪農協同組合の発展は、1946年、恵まれない伝統的酪農家のために牛乳企業AMULがグジャラートで設立されたことに始まる。「洪水作戦」（Operation Flood）がこの経験をもとに立ち上げられたのは、協同組合による酪農振興が農業開発にとって重要な時期となった1970年代であった。1974年のカルナータカ州、ラジャスターン州、マディア・プラデシュ州における三つのプロジェクト支援に始まり、1980年代後半の二つの全国的な酪農プロジェクト支援にいたるまで、世界銀行は5億ドルあまり

を、協同組合（地区別組合を州連合会にまとめている）を通じて乳業発展のために融資を行った。全国連合会は12万の村落酪農組合で構成され、2008年には370万人の女性を含む約1300万人の組合員を擁している。これは、インドの500万地区の3分の1強に当たり、大半は小規模零細農家や土地なし農民である。「洪水作戦」の終盤には、平均集乳量は一日当たり1230万ℓ、そのうち820万ℓが飲用乳、残りは粉ミルクやバター、チーズ用に販売され、1家族当たり年90ドルの追加所得を産み出したことから、インドの乳製品生産の飛躍的な増加の決定的な推進力となった（1960～2010年の間で6倍以上の増加である）。同計画が焦点を当てていたのが、協同組合の能力形成（協同組合の組織的強化とトレーニング）と、生産・販売活動に関連する活動やインフラ整備の支援であった。全体の目的は、農村部の所得向上と牛乳の生産力拡大のために、生産者が所有・経営する集乳・乳製品販売の協同組合ビジネスの成長を促進することにあった。

これまでの投資がかなり大きかったため、酪農協同組合が過保護であり独占的で、時には政治力が不適切に使用されることを問題視する者もいる。しかしながら、組合員の結集度の高さや、健全な組合経営、謎めいた影響力のあるリーダー、しっかりした会計制度などのめざましい成果が、こうした問

成果を大きく上回っているとと思われる。成果としては、以下のものが挙げられる。

— 酪農部門における生産者の管理・自治が、生産、集乳、加工、販売のすべての段階で強化されている。
— プロジェクトの経済的収益率がプラスになっている。
— 酪農協同組合連合会を通じた生乳販売ができることで、小規模な女性生産者や貧困状態の土地なし農民や小規模経営に利益をもたらしている。
— 小規模経営の中間技術や高度技術の利用が増加している。
— 協同組合の中には、農村の道路や、組合員のための農村医療サービス、組合員のためのその他一連の社会経済的サービスを設立している。

インドは、2011～2012年の間に年間1億2800万tを生産し、今日では世界最大の生乳生産国になっている (http://www.nddb.org/English/statistics/Pages/Statistics.aspx を参照)。

出典：Cunningham (2009a, 2009b)

したがって、小規模経営世帯の戦略において農場は、危機のときには経済的な避難所として重要な役割を果たしている。つまり、小規模経営の世帯員で農場を離れた者が農外部門で職を失い、結局は農場に戻ってくることもありうるのである。

こうした役割は、食料保障の安定性の面でも、また経済全体の復元力の面でも寄与するものである。

2　食品加工、フードチェーン、消費者とのつながり

新興国および発展途上国では、人口増加や都市化、中間層の増加と所得水準の向上により、農産物と高付加価値食品の国内市場が大きく成長するだろう。アフリカ連合委員会は、アフリカにおいてこれらの市場が2000年の500億ドル規模から、2030年には1500億ドル規模に成長すると予測している。「アフリカの農家や中小企業が国内の食料市場に供給することから得られる利益は、量においても経済価値においても、海外市場への輸出利益を近いうちに小さくすることになるかもしれない。しかし、地域開発を推し進め、貧困と闘い、食料保障を改善するために、国内市場の潜在能力を利用するには、投資が必要である」(UNIDO, 2010)。

こうした状況の中、生産者と消費者とのより直接的な結びつきを回復するために、都市部では新しい販売経路や市場が生まれている。こうした運動の多くは、農業生態学ないし有機農業の原則をもとに形成されている (Friedmann, 2007; Marsden and Sonnino, 2012)。これらの運動はまだ小規模であり、世界全体における評価がなされているわけではないが、

成長している。明らかに、これらの新市場は補助事業の枠外で機能しており、新しい農場を設立する機会を提供するとともに、高失業率がますます懸念される状況において、生産単位当たりでより多くの労働力を求めている（フランスのブルターニュにおける事例は、Deléage and Sabin, 2012 を参照）。

ライチェーンに対抗する社会運動として登場した。日本にはいくつかのタイプの「提携」システムがあり、他の国では、アメリカの「コミュニティが支援する農業」（CSA）や、フランスの「農民農業を維持するための協会」（AMAP）が知られている。これらの経験は、小規模経営の農業活動と家計収入を安定化させるとともに、オルタナティブな食料ネットワークを追求する上で重要である。

3　小規模経営の組織と市場アクセス

フードチェーンにおける小規模経営の役割は、極めて多様に編成されている。地域市場に生産物を直接販売する小規模経営もあれば、公式または非公式の農家団体・協同組合や各種仲介業者、小売商、貿易業者等などとの間でさまざまな度合で関わりをもつ、より複雑な編成手段もあるなど、実に多様である。

主要な食料の中には、主として小規模経営によって生産されているものがある（例えばキャッサバ、バオバブの葉、多くの生鮮果物・野菜、伝統的なチーズ等）。それゆえ、小規模経営組織は、社会経済構造においてきわめて重要なものとなっている。市場へのアクセスや交渉力獲得の必要性は、たいてい農家

■ボックス7■　ケーススタディ：日本におけるCSA（提携）

「提携」システムは、日本における「コミュニティが支援する農業」（CSA）の一つの形態として知られているが、始まったのは1960年代後半である（Jordan and Hisano, 2011）。「提携」とは、日本語で「協力」あるいは「パートナーシップ」を意味する。これは、有機農産物を含む食の安全と品質の良さを実現するために、農業生産者と消費者とを再結合し、サプライチェーンを短縮・可視化するための直販形態として発展したシステムである（Parker, 2005）。このシステムでは、通常は小規模経営である農業生産者と消費者とが、生産量と価格に関して相互契約を結ぶ（Ichihara, 2006）。時には、消費者が自ら生産物の収穫に出向いたり、除草などの圃場作業に参加したりする契約を結ぶこともある。「提携」システムによって生産者は安定した収入を得るため、生産コストを賄うことができる。「提携」システムは、農業の工業化や残留農薬などの食品リスクを引き起こす食料サプ

による共同組織の設立を促進する役割を果たしている。多くの場合、小規模経営は、共同組織という方法を通じて、意思決定における政治的発言力を獲得している。

順調に機能している農村部の協同組合や農家組織は、小規模農業生産者、とりわけ女性農業生産者の権限を強化する上での鍵である。協同組合は、相互支援のネットワークや連帯意識を提供することから、社会資本を増加させ、自尊心や自立性を高め、より有利な契約条件、価格、幅広い資源・サービスへのアクセスについて団体で交渉できるようになる(UN-Women/FAO/IFAD/WFP, 2011)。マリにおける女性のエシャロット生産協同組合、ケニアにおける酪農協同組合、および生産者と消費者を直接結びつける新しい市場の創出は、いずれも小規模経営組織が決定的に重要な役割であることを示すものである。(ボックス8、9、10を参照)。

■ボックス8■ **マリ・セゴウ地方の小さな「ベンガジ・エシャロット女性生産者協同組合」**

マリのセゴウ地方にある小さな「ベンガジ・エシャロット女性生産者協同組合」の組合員は、生産物を納得できる価格で販売することがむずかしかったため、投資の増加や生産の拡大が結局できない状態にあった。そこで、同組合は、女性エシャロット生産者がつくる他の21の小規模団体とつながり、団結することによって、より大型のファソ・ジギ(Faso Jigi)農業協同組合への統合が可能になった。ファソ・ジギ農協が、19のエシャロット貯蔵施設に投資して、価格が有利な市場に出荷するようになったことで、女性の収入は増加し、事業投資や生産拡大の機会がもたらされた。現在では、ファソ・ジギ農協の組合員4200人のうち920人が女性のエシャロット生産者であり、農協事業は彼女たちのニーズと課題に応えている。

出典：FAO (2013b)

■ボックス9■ **ケニアの酪農協同組合と小規模経営部門**

「2003年に、新政府は、改革への強い期待を背景に政権を獲得した。酪農部門では、政府は『ケニア乳業協同組合』(KCC)をふたたび公有化し、乳業復興に着手した。KCCは2003年6月に再び国有化されたが、この再国有化は2005年2月に決着がつき、約5億4700万クシュ(780万ドル)で国によって再び買収された。同組合は『新KCC』と改称され、15名からなる暫定理事会が経営担当として任命された。酪農協同組合を復興し、KCCの経営を改善するための措置が取られたことで、KCCと酪農部門全般、とくに小規模酪農農家の未来は、劇的な復興を果たした。競争が激しくなり、このことが農家庭先価格の改善をもたらした。

全国的には、生乳加工量は2002年の1億7300万ℓから、2005年には3億3200万ℓに増加した。KCCの生乳受入量は、2002年の1日4万ℓから、2006年には1日40万ℓへと、10倍に拡大した。酪農協同組合が復興したことにより、飼料供給者や、人工授精・獣医・動物育種などの専門家、さらに金融サービスなどの新しいビジネスの発展が促進された。小商人には、かつて違法とされてきたミルクスタンドの経営や輸送業務の営業権が与えられ、衛生基準を向上させるプロジェクトから支援を受けられるようになったのである。」

出典：Atieno and Kanyingo (2008)

■ボックス10　生産者と消費者を直結させる新しい市場の創出

市場のさまざまな失敗に対処するために構想された新しい農村開発過程の一部として、生産者（小規模経営を含む）が新しい生産物やサービスの開発に着手し、それによって単位当たり付加価値を高めたり、新たな方法で販売を拡大するという取り組みが行われている。生産者と消費者とを結びつける新しいインフラ建設や制度上の整備を通じて、一般市場では隠れ家にすぎなかった部分が新しい市場として創出されている。

例えば、高品質食品、地域特産物、新鮮な地元産品、アグロツーリズム・サービス、「グリーンエネルギー」、ケアサービス、景観・自然保全、そして生物多様性の創出などが浮上している。商品の同様の流れや取引を注意深く「営巣する」ことによって、幅広い相互利益を生み出すことができる。

ヨーロッパ調査事業（IMPACT）の比較研究によると、これらの新しい市場によって生み出された付加価値の純増分は、アイルランド、イギリス、オランダ、フランス、ドイツ、イタリア、スペインを合計すると、2000年には約60億ユーロに達した（van der Ploeg, 2008）。中国でも、隠れた市場は多い（Ye, Rao, and Wu, 2010を参照）。ブラジルにおいても、いくつかのたいへん興味深い市場があって、そのうちのいくつかは小規模経営の運動によるもの（ECODIVAのような）、残りは政府によってつくられたもの（PAA）である（Schneider, Shiki, and Belik, 2010参照）。これらの隠れた市場の比較研究は、ファン・デル・プロェシュナイダー、ジンツォンが行っている（van der Ploeg, Schneider, Jingzhong, 2012）。

4　小規模経営、多様な経済活動、農村における農外経済

OECD諸国でも途上国でも、小規模経営レベルや地域レ

ベルで経済活動が多様であることは、農村経済において目新しいものではない。フランスでも、農外活動を含む多様な経済活動は新しい現象ではない（Mayaud, 1999）。

ヨーロッパにおける農業への専門特化の過程は、20世紀を通じて、さらに第二次世界大戦後に加速した輸送技術革命と農業「近代化」過程と密接に関係している（この点について、フランスにおける歴史的概観についてはDuby and Wallon, 1977を、過去50年間の動向と決定要素についてはChatellier and Gaigné, 2012を、アメリカの歴史的概観についてはCronon, 1991を参照）。

農業の専門特化は、多様化こそが適切なリスク戦略に共通するパターンであるような環境のもとでは、リスクの水準を高めることになる。農村部のみならず都市部（農村からの出稼ぎ）における農外活動は、農業生産の不確実性に対処するためのよく知られた戦略である。

ここで明確にしておかなければならないのは、農業を基盤とした経済活動システムが制約や困難、課題に直面しているがゆえに、経済活動の多様化は、必ずしも今日初めて登場したような最近の特徴ではないということである。昨今の欧州危機以前でさえ、オランダの農業経営の80％が、男女の別を問わず、農外賃労働に従事していた。このことからすると、経済危機以前には、平均すると稼得所得の30～40％が農外就業から得られた計算になる。オランダでは、こうした多様な経済活動がなければ、農業経営の多くは経営を存続することができなかっただろう。しかも、オランダの農業部門は、世界で最も近代化した部門の一つである。フランスについても、Laurent et al. (1998) が同様のデータを示している。フルタイムの農業経営の半数以上が、「その他の有給活動」に従事している。イタリアでは、全農業経営の90％以上が多就業活動を行っているという特徴を示していた。恐らくより重要なことは、フルタイムでの農業生産に従事している専門特化した集約的農業経営が、近年の経済・金融危機の際にはたいへん脆弱であったという事実である。デンマークやオランダでは、そうした経営の多くが農場の閉鎖に追い込まれたのである (Mayaud, 1999)。

農村世界では、もう一つの過程が各地で進行している。Graziano da Silva and Eduardo Del Grossi (2001) がブラジルについて述べたように、「農村の都市化」、つまり農村地域における都市の出現過程である。こうした現象があるからこそ、多くの世帯が農業部門を越えて、農業と農外活動の双方に軸足をおくというダイナミクスを、より複合的に理解することが求められる。これらのパターンが相補い合うものであることは、コロンビアにおいても見られる (Deininger and Olinto, 2001)。同じパターンは、中国においても公共政

策の結果として、新しい農村生活を形づくるものになっている (Fan, Zhang and Zhang, 2004)。例えば、自営業が高水準で創出され (Zhang et al., 2006)、インフラ整備が農業生産力に大きく影響したのである (Zongzhang and Xiaomin, 2009)。サハラ砂漠以南のアフリカでも、農村地域の多様化はすでに軌道に乗っている (Haggblade, Hazell and Dorosh, 2007)。ウィギンスとハゼル (Wiggins and Hazell, 2011) による最近の改訂データによると、サハラ砂漠以南のアフリカで、農村の農外経済部門 (RNFE) は、その地域の経済活動全体の20〜25％を占め (この数値には、村落だけでなく農村部の町も含まれる)、村落の労働力では10％を占めると推計される。

この幅広く多様化した活動パターンは、まちがいなく現代農業像の一部である。こうした多様化が生じるのは、農業が農家世帯のニーズを満たせないから生計を「多様化する」という過程だけではなく、北の国々でも南の国々でも、歴史的にみれば多様化が農業の構造的特徴であるからである。こうした多様化に向かう傾向は、ラテンアメリカやアフリカについて述べられているように、農村地域の人口増加の過程によって支えられている。また、この傾向は、(中国やベトナムの例のように) 農村地域をターゲットにしているインフラ整備を通じた公共政策や産業政策によって強化されることになる (Ye, Rao and Wu, 2010)。

これらのダイナミクスが、OECD諸国が経験したような構造変化の過程と結びついているかどうかは、定かではない。サハラ砂漠以南のアフリカでは、総人口に占める農村人口の割合は、2030年までに64％から54％に減少すると予測されているが (UNDESA, 2011)、都市化が進んだとしても農村人口の割合の低下はゆるやかだろう。アフリカでは、農村人口は2030年代半ばまでは過半数を占め、2050年以降も絶対数では増加するだろう。サハラ砂漠以南アフリカの農村人口は、農外移住という選択肢がないとした場合、(総人口11億人のうちの) 3億3000万人まで増加するだろう (Losch, Fréguin-Gresh and White, 2012)。農村の農外経済部門が成長に移行する道筋にとって効果的な一歩となる条件であるかどうかは、議論の余地がある。実証可能な証拠がいまだに多数得られているわけではなく、異なる時代、異なる規模と方法、地域、かなり不均質な制度的枠組みで行われた「単発の事例研究」に依拠しながら、一般的な妥当性をもちうるのではないかと仮定しなければならないからである (Haggblade, Hazell and Dorosh, 2007)。パネル・アプローチと呼ばれる、特定の世帯について中期的に調査を行う手法が実施されたことはほとんどなく、資金援助者と研究者が長期的に関わって行われた例外

的研究があるだけである (Djurfeldt, Aryeetey and Isinika, 2011を参照)。「成長する」農村の農外経済は、世界全体で所得向上をもたらす構造変化の前提であると考える人もいるだろう。他方で、農村の農外経済部門は、貧困の罠の中で途方に暮れる大多数の農家が、多様化戦略の組み合わせを通して対処する方法に過ぎず、生き残り戦略としては限界があり、ましてや経済成長をもたらすことはないと考える人もいるだろう。

5 経済成長における役割

小規模農業は、多くの国々、とくに後発開発途上国の国民経済において主要な役割を果たしている。Delgado (1997) は、こう断言する。「現在、サハラ砂漠以南アフリカにおいて、小規模農業経営は、平均すると就業者全体の70％、全商品輸出の40％、GDPの33％を占めている。しかも、この地域の多くの国で、各割合は平均値よりもかなり高くなっている。製造業付加価値の3分の1～3分の2は、農産物の原料供給に依存しており、その多くは小規模経営が供給している。さらに、農業一次産品は、この地域の全商品輸出において大きな割合を占めており、これらの一次産品もまた、小規模経営が供給している。…こうした実績があるにもかかわらず、小規模農業は、生産の増加にも貢献し、国内市場の大部分を

サハラ砂漠以南アフリカにおける小規模経営の経済的状況は、たいへん厳しいものであった」

農業の成長が所得の獲得・分配において役割を果たすとすれば、貧困の只中にある多くの人びとは、財やサービスの膨大な潜在的国内市場を構成することになる。しかし、この潜在市場は、部分的にしか発揮されていない。農村人口の購買力を実質的に改善すれば、国内市場に実質的かつ相当の影響を与えることができるだろうし、したがって、近年の経済危機の影響を軽減することにも役立つだろう。この点については、中国の実績が好事例である。

農業の成長は、経済全体の成長にかなり貢献するかもしれない。例えば、中国の経験が示すように (Zhang et al. 2006; Mohapatra, Rozelle and Goodhue, 2007)、農業の成長はとくに「農村の農外経済部門の成長エンジン」になりうる (Haggblade, Hazell and Dorosh, 2007)。

農業の成長と経済全体の発展とをつなげる「成長連関」と呼ばれるメカニズムは、小規模農業が支配的な諸国においてとくに強くなっている (Haggblade, Hazell and Dorosh, 2007)。とくに「消費連関」は、大農園主導型の農業成長で最も弱いが (Haggblade and Hazell, 1989; de Janvry and Sadoulet, 1993)、小規模農業では強いことが示されている。同時に、

形成する可能性がある (Delgado *et al.*, 1998; Mazoyer and Roudart, 2002)。

小規模経営が十分な量の農業生産を行い、所得の増加を達成すれば、彼らは都市部の産業で生産されたいわゆる「賃金財」の販売に拍車をかけることになる。経済危機の折には、これは戦略的特徴となる。もし、農業生産全体を増加させるニーズと並行して、農村部での雇用拡大や所得向上に対するニーズも相当あるならば、大規模で労働集約度の低い農業形態よりも、小規模農業ははるかに高い潜在能力を発揮することになる。

6 環境上の重要性

農業と環境の諸関係については激しい議論がなされてきたが、農業が環境に影響を与える方法は多様である。小規模農業と環境との相互作用は、農地不足に直面している場合にとくに際立つことがある。多くの場合、小規模経営は、樹木、家畜および養殖を結びつけた多様な生産システムを発展させることで、乏しい土地資源を最大限利用している。こうした生産システムは、多くは伝統的なものだが、きわめて知識集約型で、しばしばローカル市場や固有の有効な社会制度と関係している (IAASTD, 2009)。

他方で、小規模経営は、土地不足を補うため、集約的で専門特化した農業生産システムに従事することもある。このような生産モデルの場合、化学肥料および農薬の集約的使用や家畜の集約的飼養が、とくに地域全体に適用されるとき、多くの場合、深刻な生態系不均衡（地下水の枯渇や富栄養化）や汚染を引き起こす恐れがある。こうした事態は、例えばヨーロッパ、アメリカ、中国、およびインドのいくつかの地域で実際に起きている。緑の革命で促進されたこれらの国の慣行は、今では大いに問題視されており、これらの国の多くでは、農場でも農村地域レベルでも、利用する投入財を抑制し、より多様なモデルを促進する最中にある (IFAD and UNEP, 2013)。一般的には、こうした農業生産システムの転換は、重要な知的投資とともに、しばしば物的投資を伴うものである。

また、資源不足、とくに土地不足も、いくつかの地域、とりわけ乾燥地帯や半乾燥地帯で、過放牧や土壌の栄養分破壊を引き起こし、土地の劣化や土壌の枯渇をもたらしている。こうした過程を覆すためには、土地を回復するための共同投資と、土地と水の持続可能な管理に向けた共同作業が必要である。

小規模経営は、生物多様性の現場での保全や、さらには変化する環境的、経済的、および社会的状況への継続した遺伝

子の適応という条件においても、不可欠の役割を果たしている(例えば、Kull et al., 2013)。例えば、インドでは女性たちが、農場現場での地域保護、言い換えれば在来種を保護するような生物多様性の地域保全システムを発展させてきた。今日の穀倉地帯には、市場で重視される作物が四つか、五つか、せいぜい六つしかないが、過去には数百の作物があったのである (Swaminathan, 2010)。温帯地域とは異なり、熱帯地域の小規模経営はつねに多様な用途をもつ樹木を農場内で栽培している (Garrity et al., 2010)。最後に、小規模経営や小規模牧畜業者などは、多くの地域で脅かされている動物の生物多様性や地域固有の育種の維持に極めて重要な役割を担っている。こうした生物多様性や在来育種は、厳しい自然条件、干ばつ、酷暑、および熱帯性疫病によく適応しており、交配計画において重要な固有の遺伝資源を含んでいる。世界を脅かす気候変動に際して、こうした遺伝資源はより重要なものとなっている。
(28)

いくつかの国では、農業が提供する種々の生態系サービスにますます気づくようになってきたが、このことは、小規模農業がもたらす価値を認識することと結びついており、特定の地域が特定の価値を付与する機会をつくることに関わっていることが多い。こうした動向は、特定の生産物(高品質生産物)やサービス(ツーリズム、狩猟、魚釣

り)、また例えば、環境サービス支払といった形態をとるような、水質に対する特別の貢献を認める特別事業などと結びついている (Lipper and Neves, 2011)。

小規模経営は世界の農家の大多数を占めており、世界の農業地域のきわめて重要な部分を占めているために、ほぼすべてが小規模経営という国もある (50ページ図3を参照)。小規模経営の参画とイニシアティブがなければ、環境面で持続可能な農業などありえないだろう。環境問題の重要性は、農業の効率性追求と結びついており、その主要な要素は化石エネルギー (Pimentel, 2009a; 2009b) と化学合成窒素 (Foley et al., 2011) への依存である。小規模経営システムにおいて資源の効率的利用を改善する方法が発見できれば、農業全体の革命へと大きく道を切り開くことになるだろう。

7 社会的・文化的重要性

恐らく、小規模農業を開発・支援する最も重要な理由は、小規模農業が多くの社会集団にとっての故郷だからである。こうした社会集団の解放は、より広範な社会や人間の開発にとっての鍵である。

これは、発展途上国の農業労働力の平均43%を構成している女性にも (FAO, 2011a)、教育水準の低い若者や高齢者に

いった驚くべき能力を示すものである。

また、これは、多くの少数民族集団にも当てはまる。彼らは、過去に農業部門に避難場所を見出したが、いまだに多くの不当な処遇を経験しており、それを乗り越えようと奮闘している。ここでは、ブラジルのキロンボとコロンビアのリブランテーションを例にあげておこう（彼らは、昔の奴隷集団で、離れた場所に小規模農業を展開した人びとである）。南北アメリカにおけるインディアン〔またはインディオ〕は、もう一つの例である。とくにペルー、エクアドル、およびボリビアのような国々では、彼らは農業部門に従事していることが多い。これらのすべての少数民族集団にとって、小規模農業の発展は、彼らの解放を直接支援するためのものでなければならない。

また小規模経営の人びとは、芸術、音楽、ダンス、口承文学、および建築など、極めて印象的でバラエティに富んだ文化的レパートリーをもっている。こうした文化遺産の一部を、フランスの農村社会学者アンリ・マンドゥラース (Henri Mendras) は「地域の芸術」と呼んだ。この概念は、小規模農業が数多くの知の体系を有していることを表している。こうした知の体系は、時間をかけて発展してきたものであり、地域資源に本質的基礎をおいた高度に生産的なシステムに農業を変えていくと地域の生態系や社会様式の特性に適応し、

第2節　構造変化と小規模農業

小規模農業に対して「何ができるのか」、「何がなされるべきか」を判断するためには、農業、とりわけ小規模農業が食料保障や持続可能な発展において役割を担い、しかも重要な存在であることを、国がしっかり確認する必要がある（本章第1節）。これは、農業に対する投資の見通し、したがって農業部門および経済の未来と変化についての洞察のもとに行われる必要がある。他部門で働いている力が、農業や小規模農業にとって、時にはプラスに働くとしても、多くの場合はマイナスの効果をもつことがあると考えておくことが、適切な政策戦略を設計する上では欠かせない。

そのためには、農業部門の組織と経済全体との関係を理解しておくことが鍵となる。農業部門および経済全体の変化、両者の相互作用、巧みな方向転換の余地、一方によってもたらされる選択の結果、ひいてはこれらの選択を実行するために何ができるのかといったことについて理解する必要がある。

本節の目的は、農業と経済（人口動態や生産性等）双方の

1 経済および農業の構造変化への経路

構造変化については、膨大な学術的文献が存在するが、ここでその要約をすることはあえてしない。1940年代にコーリン・クラークの著書が出版されたのを嚆矢として[注]、発展途上国に関する研究が続いて発表された（Johnston and Mellor, 1961; Johnston, 1970, 1973）。最近ではティマー（Timmer, 1988, 2007）による総合的研究や、世界銀行報告書『発展のための農業』（World Bank, 2007）の枠組みをさらに深めたByerlee, de Janvry and Sadoulet（2009）の研究がある。構造変化という視点は、経済発展に対する農業の貢献度を分析する枠組みを提供している。

[注] Clark, Colin, The Conditions of Economic Progress, Macmillan, 1940（金融経済研究會訳『經済的進歩の諸条件』日本評論社、1945年）。同書では、経済発展につれて第一次産業から第二次産業、第三次産業へと産業がシフトしていくことを提示している。クラークは、こうした構造転換を、ウィリアム・ペティ『政治算術』を素材に明らかにしたことから、別名「ペティ・クラークの法則」とも呼ばれる。

経済および農業の構造変化の経路については、ティマー（Timmer, 2007）が、三つのマクロ経済変数の展開を通じて実証的に描いている。三つの変数とは、人口1人当たりのGDP、GDPに占める農業の割合、および就業者総数である。

これら三つの変数を総合して各国に適用した場合、「古典的な経路」が立ち現れる。すなわち、GDPおよび開発の進展にともなって農業が占める割合は、時間の経過と開発にしたがって減少し、農業・農村社会から都市社会への移行が進む。今日、世界の人口の50％以上が、町や都市で暮らしている（UN, 2012）。

この経路は、18世紀後半の産業革命以降のヨーロッパ諸国や、多くのラテンアメリカ諸国（例えばメキシコやブラジル）、およびアジア諸国（韓国や日本）で過去40年間にたどってきたものである。これらの国々では、投資によって経済が農業生産力を高い水準へと次第に引き上げることになっ

構造変化をめぐる、たいへん多様で異なる状況を描くことである。それは、小規模農業に必要な投資の種類や行動の性格を、かなりの程度示すことになるだろう。

すでに述べたように、小規模農業は、多くの国の食料保障や持続可能な発展にとって欠くことのできない存在である。しかし小規模農業は、さまざまな状況に組み込まれている。構造変化の状況下で小規模経営向けの政策を実施する上でも、また構造変化自体の発生の調整・コントロールを目標とする政策を実施する上でも、国ごとの特殊な背景を考慮することは、政策形成を行う上で重要である。

たが、それは投入財のより高度な利用と結びついており、多くの場合、灌漑の導入を伴っていた。これは官民の投資によって支えられていたが、多くの場合、雇用や環境への配慮は置き去りにされた。

この古典的経路の基礎になったのは、非農業部門における雇用の増加が生産年齢人口の増加を上回っていたという事実である。農業における労働節約型技術の発展は、農業従事者数の削減を可能にし、農業食料システムにおける集中を引き起こし (McCullough, Pingali and Stamoulis, 2008; Burch and Lawrence, 2007)、労働力を工業部門へと移動させ、1人当たり農業所得と他産業の所得とを均衡させた（本章第2節3、および108ページの図12を参照）。農業における労働力節約型技術は「規模中立的」なものではなく、生産過程における技術変化や集中、標準化、専門特化を引き起こし、生産性が最も高い経営に有利に働いた。農場数は減少傾向を示すようになり、農業生産部門にとどまる農場の平均規模は拡大傾向にある (Eastwood, Lipton and Newell, 2010)。たとえ小規模農場の存続が観察できたとしても、こうした傾向は現に進んでいるのである (Wiggins, Kirsten and Llambi, 2010; Pierre Cornet and Aubert, 2009)。

この「古典的」モデルにおいて、経済の強制力によって小規模経営に与えられる展望は、経営規模を拡大するか、もしくは大規模農家より競争力で劣るならば農業生産部門から退場するかのいずれかであった。こうして、たとえ人口が増加しても、農場数は結果として減少するだろう。小規模経営に関するかぎり、経済事情は農業からの「退場」（あるいは外国）に対して有利に働いた。若い世代が農外部門（あるいは外国）で就業機会を得ることができ、公共政策が彼らに離農する機会と選択肢（教育や国内移住の可能性等）を与えたからである。

これこそが農業発展の「普遍的」経路だとする開発思想は、いまだに強固で根強く存在している。しかし、こうした展望と矛盾する意見が、少なくとも二つある。

第一に、いくつかの主要国は、このような「古典的経路」とはかなり異なった発展経路をたどっている（図8を参照）。これは、そうした国では発展段階が低いことを意味するのだろうか。あるいは、食料保障や持続可能な経済発展という点では、それら諸国がおかれた固有の状況により適した経路をたどっているということなのだろうか。例えば、農業雇用の割合を相当程度維持している中国や、都市部への移住に、都市への移住を制限している中国や、都市部への移住が比較的少ないインドのような国を参照）。

第二に、アジアや、それよりは広がりの小さかったラテンアメリカにおける緑の革命に触発された古典的な変化経路に

98

おいて、その根底にある技術・農学的モデルは、今日では疑問視されている。このような疑問が生じるのは、それが工業的投入財への過度の依存や、負の環境外部性、および負の社会的帰結をもたらしたからである。投入財、とくに化学肥料のように、エネルギー集約的な投入財の費用がかなり上昇していることも、こうした疑問に拍車をかけている。

したがって、構造変化の原動力はより綿密に吟味しなければならない。各国固有の状況は、人口動態、1人当たりGDPの水準と成長率、経済における農業の相対的重要性とダイナミクス、農業部門の構造等に現れる。こうした多様な社会・政治的背景は、農業および小規模経営の変化の経路をたいへん多様なものにするだろう。

発展における小規模経営の役割には、多様で時にはかなり対照的な経路（さまざまな発展段階を混同するものではない）が存在する。

概略的に、これらの経路は次のようにまとめることができる。

（i）小規模経営部門の分解・衰退が管理された形で漸進的に進んだ結果、高度に近代的な中規模農場部門の出現（チリ）。

（ii）大規模農場と小規模農場との機能を相互に補完させようと明確に管理された二重構造（ブラジル、メキシ

コ）。

（iii）人口稠密なアジアおよび東・中部アフリカ諸国（中国、ベトナム、インド、マラウィ、ウガンダ）にみられる、長期にわたって存在してきた小農的農業。これらの国々では、都市部の経済成長によって十分な雇用機会が生まれ、農場の統合を推進できるようになるまでの長期間、このような傾向が少なくとも続くとみられる。

（iv）最近20年にわたって、第四の経路が台頭している。すなわち、WTO農業協定で削減対象外とされた農業保護政策である、いわゆる緑または青の政策（景観と自然資産の維持、生物多様性の保全、保水、エネルギー生産、地球温暖化の緩和等）の実施に伴うものである。それは、高品質食品や地域特産品の生産と並んで、重要な役割を果たしている。この新興の経路は、ヨーロッパやカナダの特定の地域でも顕著になっており、ラテンアメリカやアジアの特定の地域でもみられるものであって、たいてい小規模農業が主要な担い手になっている。

（v）最後に、小規模農業がますます限界に追いやられ、投資能力を失って不活性化する過程もある。

これらの多様な経路は、互いに併存することもあるだろう。うち、アフリカの一部は（iii）の経路をたどっており、他にも

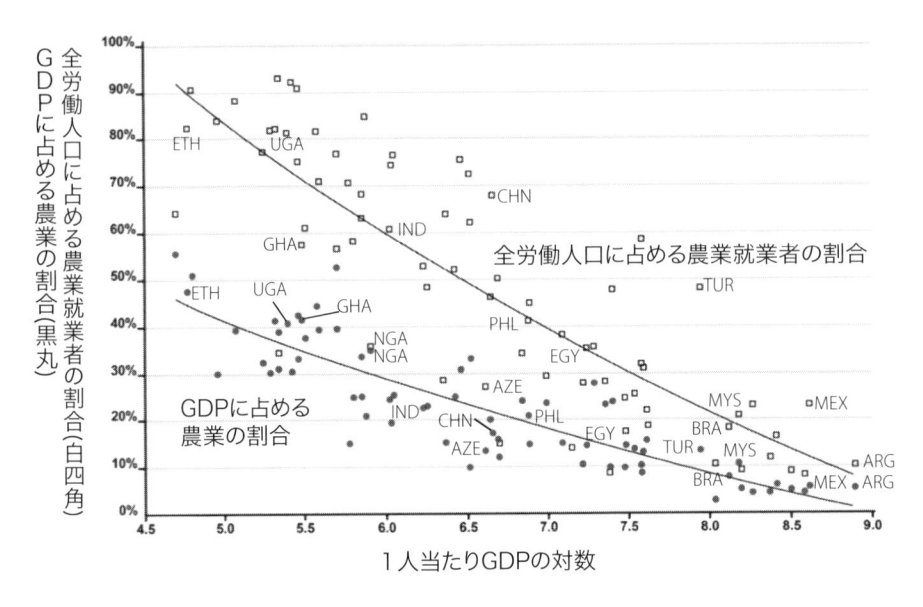

図8　発展途上国の構造変化とこれまでの経路（1990〜2005年）　その1

注1：横軸は、1人当たりGDPの対数を示している。縦軸は、途上国における全労働人口に占める農業人口の割合（白四角）と、GDPに占める農業の割合（黒丸）を示しており、1990〜2005年の間の各国平均値である。1人当たりGDPが伸びると、全労働人口に占める農業人口の割合とGDPに占める農業の割合は、いずれも規則的に減少している。この構造変化は、各国に共通してみられた。各国の略語一覧は、附録2として後掲した（167ページ）。

出所：de Janvry and Sadoulet（2010）より作成。

　(i)や(ii)の経路をたどる国もある。ラテンアメリカでは、(i)と(ii)の間にある国がいくつかあるが、多くの国は、経路(ii)へ組み込むような取り組みが行われている。しかし、広範囲におよぶ経済・金融危機、または（ジンバブエのような）政情不安により、経路(iii)に変化させられる可能性もある。例えば、都市の失業者は避難場所を探して、農村地域に新たに生活の場を築くこともありうるのである（これは、東欧のほとんどの国々だけでなく、西欧、およびラテンアメリカでも起きている）。

　今日みられる状況や経路は、人口動態のパターン、経済の変化、政策の選択といったマクロ・レベルおよびミクロ・レベルの一連の決定要因の下で行われてきた、過去の選択の結果なのである。将来の経路がどうなるかは、過去からの推測だけではわからない。今日のマクロ的傾向とミクロ的傾向とが、どのように将来への投資の選択肢の枠組みをつくっていくのかを、まさに見

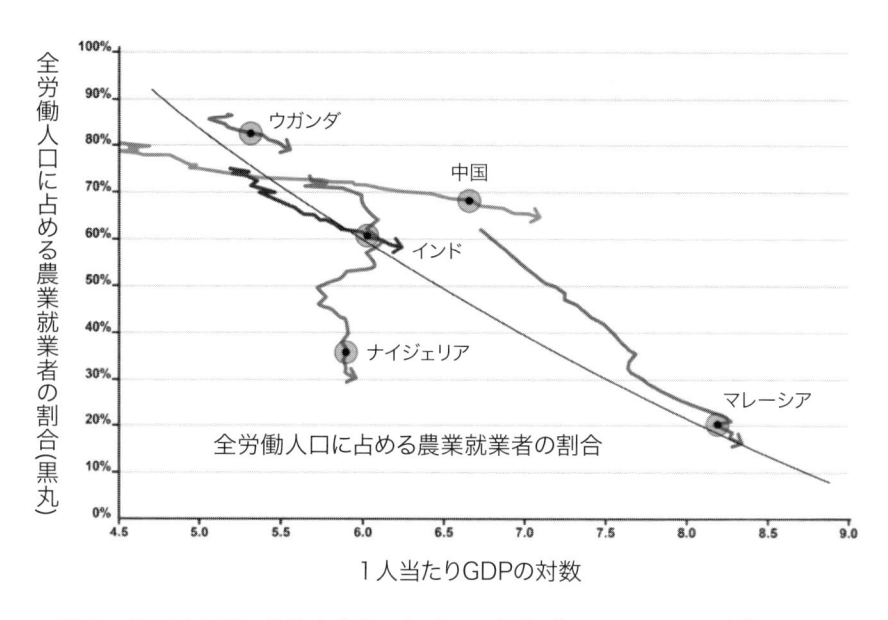

図8　発展途上国の構造変化とこれまでの経路（1990～2005年）　その2

注2：1990～2005年における全労働人口に占める農業人口の割合（縦軸）と、1人当たりGDPの対数（横軸）でみた、各国の経路である。右下がりの曲線は、各国に共通するパターンを描いている（1990～2005年平均）。中国は、このパターンよりも多くの労働者を農業部門で保持している（より平らな経路）。一方、ナイジェリアは、このパターンよりも多くの労働者を農業部門から他産業へ排出している。網掛けのプロットは、各国の1990～2005年の平均値である。
出所：de Janvry and Sadoulet（2010）より作成。

2　構造変化の原動力

小規模農業は、いくつかの主要なトレンドが生み出す多様な状況の中の一部である。この場合、主要なトレンドとは、農村部と都市部における人口動態、農業と農外部門との生産性増大の相対的なスピード差、および自然資源の賦存状況（生産性に富んだ土地、水等）である。これらのトレンドは、小規模農業が、今日、そして今後数十年にわたって、食料保障および栄養供給を担う役割を果たせるかどうかをきめるのである。

定める必要があるのである。

人口動態および農業人口

ヨーロッパでは19世紀末から20世紀初頭にかけて、農場の労働生産性と土地生産性の双方が上昇した。そして、数百万人に及ぶ農民や農業労働者が大挙して、都市や南北アメリカ、オーストラリアといった仕事や新たな生計の機会がある土地へ移住して

いった。このような北側諸国における労働力節約的で技術集約的な農業変化パターンは、農業それ自体の近代化過程および農外部門（製造業やサービス業）や海外における雇用機会の魅力の結果として生じた。ヨーロッパやその他の先進国では、農業人口は急速に減少し、今日ではごく限られた人びとだけが農業から所得を得ている。しかも、その所得はたいてい農外活動（とくに配偶者の農外活動）と関連したものである。

これは、人口増加が激しく、人口転換がまだ完了していない国や地域の状況とは極めて対照的である。そこでは、人口増加が農業部門における労働力の吸収力を上回っているため（おもにアフリカやアジアの）農村人口は、一緒になって非労働年齢人口の世話をしたり、若年層が農外経済部門での仕事を探さねばならないといった課題に直面しているのである(Losch, Freguin-Gresh and White, 2012)。ラテンアメリカでは、農業人口の全人口に占める割合は安定してきたが、アジアでは農業・農村人口は依然増加し続けている。

人口転換ならびにそれが投資、とくに労働をベースにした投資を生み出す機会に関する主要な変数の一つは、非生産年齢人口に対する生産年齢人口の割合を表す「生産年齢人口比率」である。この生産年齢人口比率は、「人口が全体的に若く、労働年齢に達しない若年者の割合が高い人口転換の第一段階」から、「若年層が労働年齢に達し、「成長に向けた条件があれば、『人口ボーナス』と呼ばれる発展の可能性を秘めたボーナスをその国の経済にもたらす」第二段階へと推移する第三段階は、人口が高齢化に向かう段階である(Losch, Freguin-Gresh and White, 2012)。東アジア諸国では、過去30年間にわたってたいへん高い生産年齢人口比率（非生産年齢人口1人に対し、2～2・4人の生産年齢人口がいる）を活かしてきた（図9）。こうした状況はアフリカとは大きく異なっている。アフリカは途上国世界の中では最も生産年齢人口比率が低いが、時間の経過と人口推移に伴って、生産年齢人口比率はゆるやかに増加すると推測されている。生産年齢人口比率が低いと、生産年齢人口が稼いだ所得で非労働年齢人口を扶養しなければならないため、低い生産年齢人口比率は投資に対するもう一つの制約となるのである。

もし、労働市場に参入しようとする若年層に与える仕事があれば、当然、その地域では生産年齢人口比率がきわめて高くなるだろう。図9は、サハラ砂漠以南アフリカ（労働市場に新たに参入する年齢層は、年間1700万人から2025年には2500万人に増え、今後15年間での就業者の増加は計3億3000万人にのぼる）や、中南部アジア（とくにインド）で圧力が高まるだろうことを示している。南アジアでは、これから2050年までに年間約3500万人の新たな

第2章　なぜ、小規模農業へ投資するのか

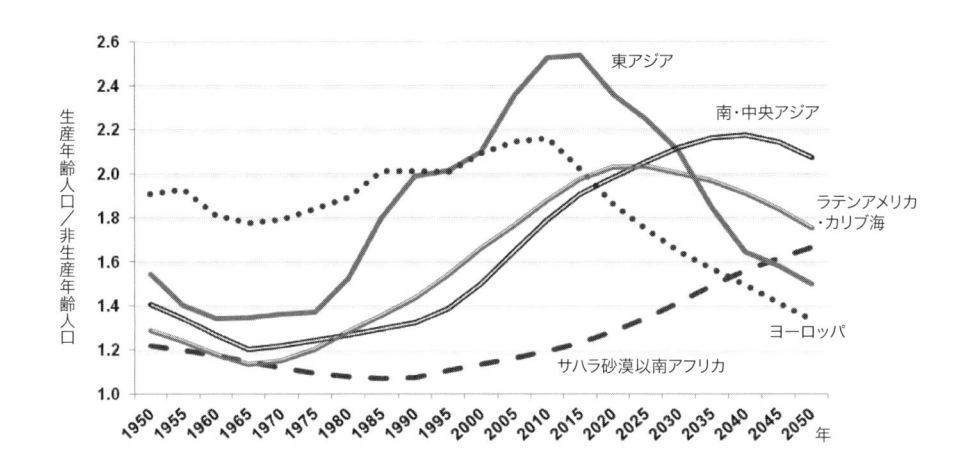

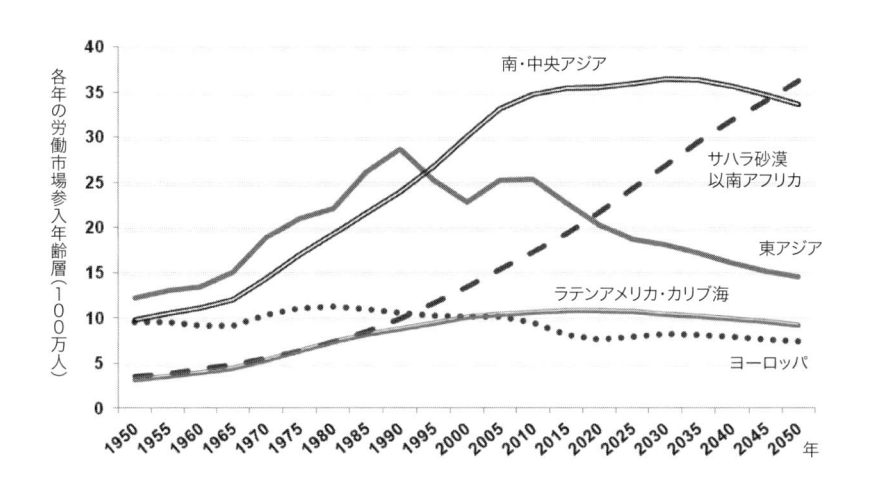

図9　生産年齢人口比率（上段）と各年における労働市場参入年齢層（下段）の推移（1950〜2050年）

出所：Losch, Fréguin-Gresh and White（2012）をもとに、データを更新した。

雇用が創出される必要がある。そこで解決すべき問題が生じる。つまり、これらの新規参入者を吸収するための適正な経済多角化は、十分強力になされるだろうか。労働力節約型の農業発展経路は、他部門に代わりの雇用が存在しなくても、経済的・政治的に実行可能だろうか。農業および小規模農業への投資は、土地生産性を急速に上昇させ、高い就業水準を維持し、同時に農業労働の苦痛を減らすことができるだろうか。

四つの対照的事例

世界農業センサスのデータを利用して、将来の農業の変化プロセスを考察するのに役立つ見取り図を描くことができる。

ここでは、例として四ヵ国の見取り図を示そう(図10)。ブラジルでは土地分配政策が功を奏し、平均経営規模は約70haまで急速に減少した。インドでは農家数が増加し、1世帯当たりの平均規模が1・5haまで大きく減少した(これを、アジア的見取り図と呼ぼう)。フランスとアメリカでは、農家数が劇的に減少した。アメリカでは農家数が3分の1に減ったのに対して、フランスでは4分の1以下に減っている。またフランスでは、平均経営規模が50haに上昇したのに対して、アメリカでは約150～200haのあたりで横ばいに達したように思われる。

現在の構造は、これまでの推移と政策決定によって形づくられてきた。将来の選択は、(ⅰ)現在の動向とダイナミクス(それを逆転させる際には、自身の慣性を有している)、および(ⅱ)経済や農業、小規模経営部門に対して現在行われている、もしくは将来行われる政策志向に関する判断によって決まるだろう。

生産力の上昇

農業の変化は、生産力の上昇と密接に関連している(Timmer, 1988)。生産力の変化については多くの研究があって、技術と政策的条件との固有の結びつきが「誘発された技術変化」と呼ばれてきたものを方向づける役割をもつことが指摘されてきた。そこでは、技術形成の選択と適用が、相対的要素価格の差と変化に依存している(Hayami and Ruttan, 1985)。

「貧しいが効率的である」とシュルツ(Schultz, 1964)が特徴づけた小農は、これらの変化において主要な役割を果たすことができる。おもにアジアの経験をもとにした実証研究(例えば、ビンスワンガーとラッタンの研究を参照[Binswanger and Ruttan, 1978])で、小農には技術変化を採用する能力のあることが早い段階で認識されていたからである。歴史的視点に立つリプトン(Lipton, 2005)やその他の論者によると、

第2章 なぜ、小規模農業へ投資するのか

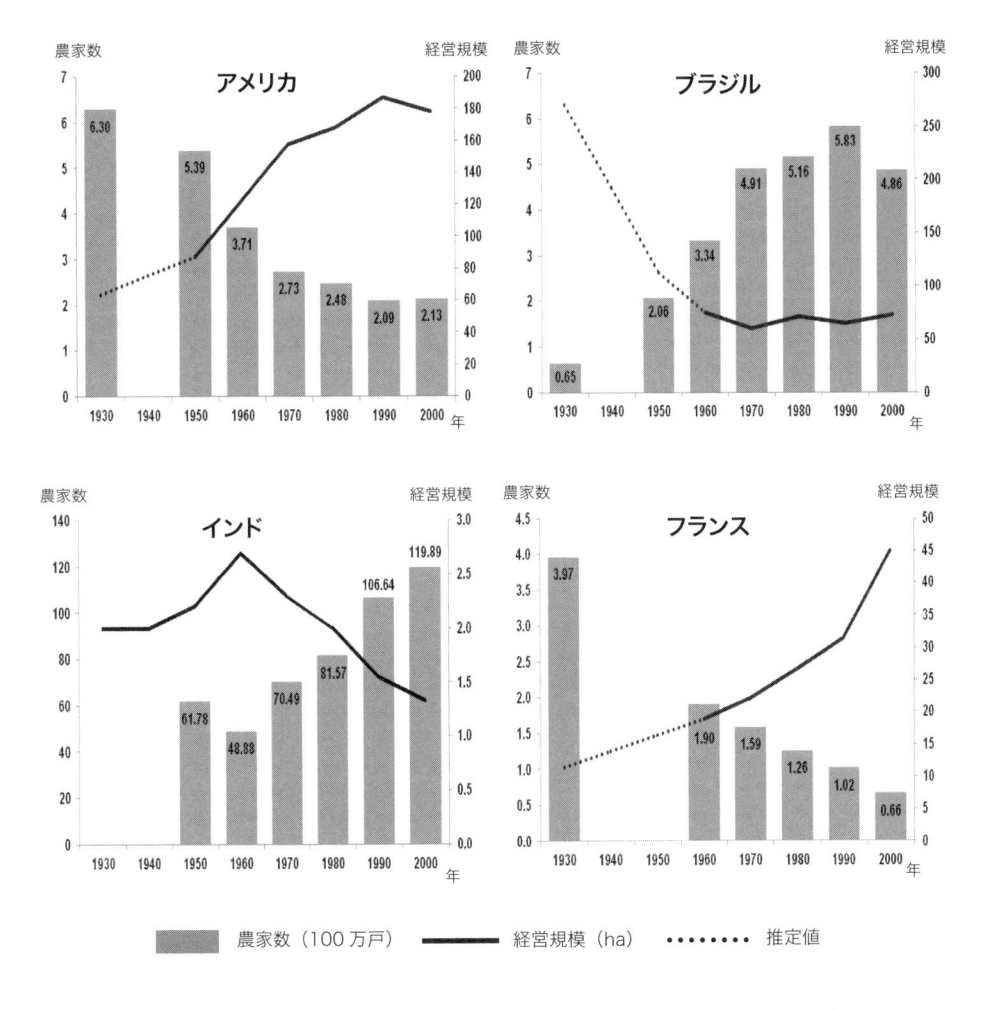

図10 ブラジル、アメリカ、インド、フランスにおける農家数
および経営規模の推移（1930～2000年）

出所：FAO (2010b)。

小規模農業の急速な生産力アップなくして、貧困の削減につながった農業開発の例はない。しかし、生産力が急速に向上した（アジアのような）国々や、アフリカのように人口増加に対して生産力上昇がむしろ停滞している国々では、永続的貧困の罠（Carter and Barrett, 2006; Barrett and Carter, 2012）の問題をどう解決するかについて、それぞれ違う方法から議論されている。

生産力の歴史的推移は、地域によって大きく様相が異なる（Dorin, 2011）。図11が、このことを示している。

第一に、OECD諸国や旧ソ連諸国では、機械化投資とそれを受け入れる能力が、たいていは国家によって強力に支援されてきたことで、農業労働者1人当たりの農地面積が増加した（図11）。明らかに、人口動態、労働力に占める農業部門の重要性、およびそれとは対照的な状況からすれば、この機械化と近代化のパターンはマイナスの社会的影響なくしては再生産されないだろう。

第二に、土地生産性ではアジアは世界の全地域の中でも最高水準にあり、1980年代半ば以降のOECD諸国よりも高い。多くの地域、とくに中東・北アフリカ、旧ソ連、サハラ砂漠以南アフリカの諸国では、適切な投資がなされるならば、土地生産性向上の余地がある。

第三に、農業労働者1人当たりが生産する食料についてみ

ると、アジアにおける高水準の土地生産性と高水準の労働集約度との組み合わせは、OECD諸国でみられたものとはかなり異なる状況を生じている。

世界の人口がピークに達すると予測される2050年までに、農業総生産を増大させる必要があることは明らかである。もし小規模農業が、求められる総生産の増加において中心的な役割を果たすようになれば、同時に貧困の削減（de Janvry and Sadoulet, 2010）や国内市場の統合・強化においても大きく貢献することになるだろう。このような選択は、食料価格が急騰しているときには、とくに社会的に妥当なものになるのである。

3　グローバルな構造変化のもとでの小規模農業の選択肢の開発

構造変化に関するルイスとティマーの古典的研究を土台にした、近年のドリン、ホウケードとブノワ-カタン（Dorin, Hourcade and Benoit-Cattin, 2013）の研究は、世界の主要地域における生産力の傾向を、次の二つの軸で表している。すなわち、（i）農業における生産年齢人口の割合、（ii）農業部門と農外部門との所得格差である。

1970～2007年の間に起きた変化の分析は、図を左右に分水嶺を示している（図12）。第一の分水嶺は、図を左右に

第2章 なぜ、小規模農業へ投資するのか

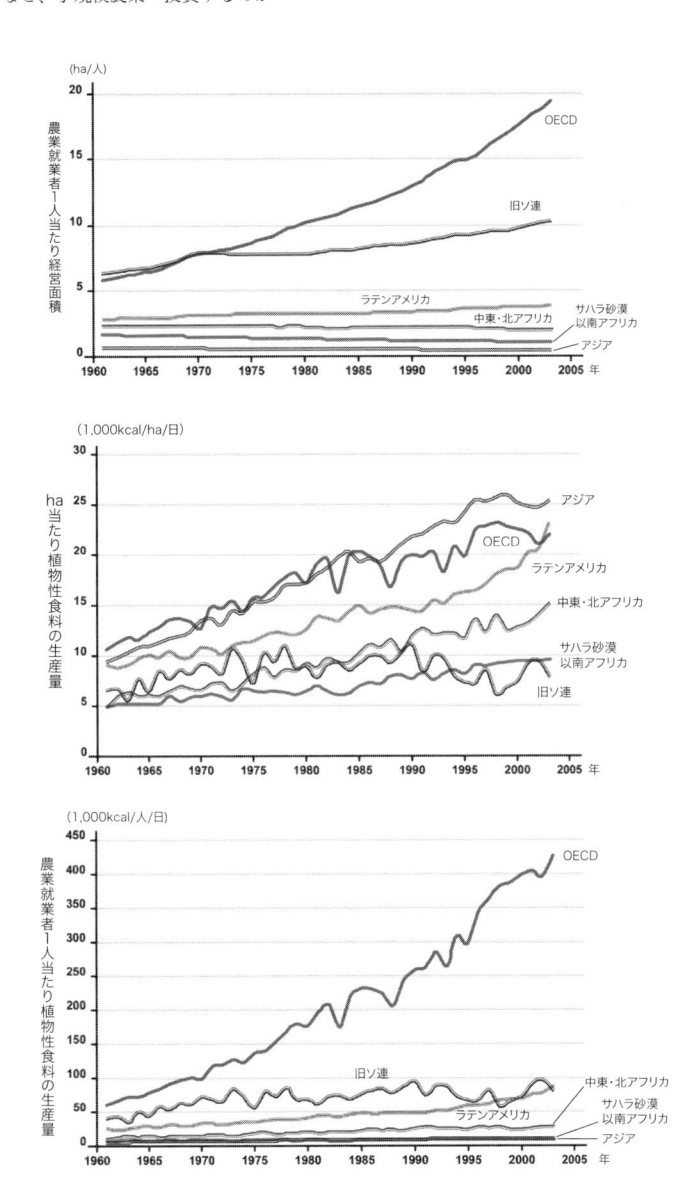

図11 世界各地の農業就業者1人当たり経営面積（上段）、ha当たり生産量（中段）、農業就業者1人当たり生産量（下段）（1961～2003年）
　注：これらのデータは、『農業の世界（Agrimonde）』の先見性ある仕事によって収集・加工されたものである。各国の分類は、ミレニアム・エコシステム評価（MEA）の専門家集団で考えられた分類に基づいている。
　出所：Dorin（2011）より作成。

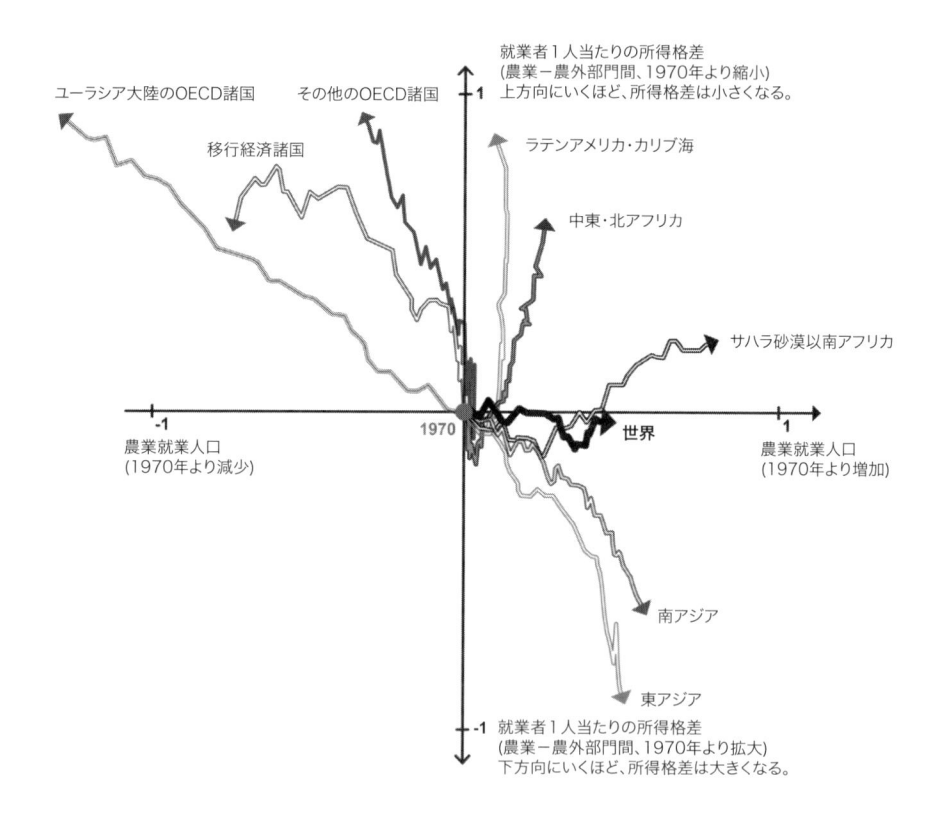

図12 構造変化（1970〜2007年）

注：1970〜2007年の各地域の相対的な経路を、（ⅰ）農業就業人口の推移の年率累計（横軸、右に向かうほど増加）、（ⅱ）農業・農外部門間でみた就業者1人当たりの所得格差の推移についての年率累計（縦軸、上に向かうほど格差は縮小）の観点で表している。起点は1970年の状況を、矢印の先端は2007年の状況を表している。矢印の長さが長いほど、変化の速度が速いことを表す。地域の分類は、ミレニアム・エコシステム評価（MEA）による。

出所：Dorin, Hourcade and Benoit-Cattin (2013) より転載した。

分かつものであり、OECD諸国および移行経済諸国（農業部門の生産年齢人口が減少している）と主要地域の発展途上国（農業部門の生産年齢人口が増加している）とを分類するものである。第二の分水嶺は、アジアとその他の発展途上地域とを分けるもので、アジアでは農業部門と農外部門との所得格差が増大している。

この図は、農業部門が労働集約的で、社会的にも経済的にも非常に重要な国々が直面する固有の課題に光を当てている。これらの国々は、他の地域と比べて、農外部門と農業部門との所得不均衡（と投資を生み出す機会）が拡大するという状況下で、農業部門を発展させていかねばならない。またこの図は、世帯所得を増やし、小規模経営が貧困から脱出し、就業者1人当たりが生産する付加価値を高めていく上での課題も浮き彫りにしている。このような所得の増大は、次の二つの要因によってのみ実現される。

- 小規模経営の農場において、就業者1人当たりの生産力が上昇すること。それには、人口増加のトレンドに追いつく速さで、増加する生産年齢人口に対して潜在的な就業機会を提供するという課題を伴う。これは、農場で生み出す付加価値を同時に増大させることを意味する。

- 純食料販売農家世帯にとっては、農産物の生産者価格をより高く実現すること。これは、需要の増大と、とくに成長する都市市場に高付加価値産品を供給することによってもたらされる。これは、小規模経営が、高付加価値産品を販売し、より基本的な主要食料品を購入することで、市場への「二重依存」状態にあることの重要性を示している。

上記の2点と密接に関連している第三の点は、フードシステムやフードチェーンの編成である。この編成が、フードチェーンで形成される付加価値の重要な部分を、第一に、とくに農場レベルでの労働者への報酬に、第二に、農場と農村地域に行き渡るように保障しているかどうかである。政府やすべての利害関係者、とくに消費者は、その実現において重要な役割を担っている。この状況は、非農家世帯の間で、絶対額でより多くの支出額を、そしておそらく家計支出の増分を食料消費に向けた選択をするかどうかも反映するであろう。これは、小規模農業によって生産される食料品以外の財やサービスがどう評価されるかということにも関わっている。

小規模農業は、食料保障にとって不可欠な役割を果たしている。当然ながら、これは農業が主要な経済部門である地域や、人口の多くが農業から所得を得ているような地域でとくに当てはまる。また、農外部門が主要な所得源として農業に置き換わっているような多くの国々でも、これは当てはまる

のである。

大規模農業経営が支配的なモデルと小規模経営が標準的な国のモデルとが共存するといった、農業がたどる経路が多様であることは、オルタナティブな経路が存在し、小規模農業はそうしたオルタナティブな選択肢の一部であるということを表している。

全ての国において、そして今日、大規模農場が支配的な国においてさえ、小規模農業が果たしうる多様な機能と役割を社会が評価すれば、小規模農業は特別な地位と生存能力を獲得できる。それはまた、構造変化の過程における「投資への道」を明らかにすることにもなる。

劇的な人口増加が予測されている国々、正確には農業が単なる食料提供者だけではなく、職や生計の主要な提供者でもあるような国々では、小規模農業は特別な役割を担うであろう。これらの国々は、たいてい食料不足や資源不足、とくに土地と水の不足を経験しており、より効率的に資源を利用する手段を欠いているために、事態はさらに悪化している。また、これらの国々は、気候変動のリスクに最もさらされている (HLPE, 2012a)。

以上のすべてのことから、小規模農業への投資が求められている。食料保障や持続可能な開発においても、食料や所得が最も必要とされている地域でそれらを提供する上でも、小規模農業は多くの役割を果たせるからである。生産力を引き上げ、より多くの付加価値部分の獲得に役立つ投資を利用することは、長期的には小規模経営の家族の能力を開発・強化するという意味において、最も自律的な解決策であると思われる。

【注】

(23) http://saladeimprensa.ibge.gov.br/en/noticias?view=noticia&id=1&busca=1&idnoticia=1466

(24) http://www.ibge.gov.br/english/estatistica/economia/agropecuaria/censoagro/default.shtm

(25) ラボバンクによると、発展途上国と新興国の農村人口の60%が、基本的な金融サービスにアクセスできない状態にある (Rabobank Group, 2012a, p.43)。

(26) http://www.ibge.gov.br/english/estatistica/economia/agropecuaria/censoagro/default.shtm

(27) http://www.fao.org/fsnforum/cfs-hlpe/smallholder-investments-v0 の中の Crocevia を参照

(28) 「動物遺伝資源のための世界行動計画」の実施において認可された。http://www.fao.org/news/story/jp/item/162972/icode/ を参照。

(29) ラテンアメリカでは、実際に最も急速かつ激しく減少してい

るのは、土地所有に基礎をもつ寡頭政治体制をこれまで支持してきた伝統的なラティフンディアである。彼らはその経済力（例えば、ブラジル北東部やアルゼンチンのチャコ〔北部の州〕の綿花ラティフンディア）と農地の構造政策（農地改革）を通じて、急速に減少してきたのである。

(30) われわれは、これらの研究が標準的な考え方を促進するものであるとは考えておらず、これらの研究を「標準」であるととらえるのは誤りであろう。

第3章 どのような投資が必要か

小規模農業への投資に関する議論（第4章）へ進む前に、本章では、おもな投資の種類と投資のための選択肢について若干述べてみたい。

ここまでの各章では、小規模経営への投資に対して制約がかかる仕組み（第1章）、および、経済の構造変化における小規模農業の役割とその重要性（第2章）について述べ、「なぜ小規模農業に投資をするのか」という疑問に対して、その確固とした背景を示した。小規模農業の発展が必要であるが、それに対していくつもの複合的な制約条件が存在する。

こうした制約条件を克服するには、投資のタイプをよりよく理解することが求められる。投資のタイプはまず農場レベルのものがあるが、農場での投資を容易にしたり実現可能にするためには、より幅広いレベルでの投資が必要になることが多い。一般的に、過去に投資がなされていないことが、今日の投資を困難にしている。

本報告書が、小規模農業への投資に対する諸制約とそれをどのように克服するのかをテーマにしていることに鑑みて、以下のように、おもな投資のカテゴリーを二分することは有用である。

（i）一つのカテゴリーは、不足している生産財への投資である。こうした投資は、小規模経営が自らの農場の生産性を高めようとする際に、彼ら自身が具体的に考えるものである（本章第1節）。

（ii）もう一つのカテゴリーは、制約条件の克服を「可能にする」ような投資である。そもそも、そのような投資は、制約をもたらす仕組みとの関連において容易に語られるものだ。すなわち、生産財に対する投資を引き起こすような投資（第2節）、市場機能を改善するよ

うな投資（第3節）、さらには関係する諸制度、とくにこうした投資を保護するような諸制度に対する投資（第4節）である。

上記の二つのカテゴリーは、そのまま次のように、投資タイプをわかりやすく区分することにつながる。すなわち、一つめのカテゴリーは、個人的なものであれ共同的なものであれ、小規模経営自身が行う投資であり、二つめのカテゴリーは、公共部門、民間部門、そして官民協力による投資である。

第1節 小規模経営による農場の生産財への投資

貧困、乏しい資産、予期せぬ災禍のリスク、乏しい収入、不規則で危うい状態の最低限の生存手段。こうしたことのすべてが、投資を妨げる要因となっている。したがって、第一の課題は、彼ら小規模経営の希少な資産の生産性を向上させること、彼ら自身、および彼らが危険を冒してまで獲得しているものを守ることである。したがって目的とすべきは、中長期的な投資を実施することで、小規模経営の回復力をつけながら個々の農家レベルにおける生産性と付加価値を向上させることである。労働力の投資の重要性を前提として、ともすれば見過ごされがちな過重労働問題を解決することに対して特段の注意を払わなければならない。

1 生産性の向上

資源の利用可能性が低く、とくに土地が不足していることを考えると、小規模経営の生産性を、生産量および生産額の両面において向上させることが第一の目的となる。そもそも何をもって小規模であるかについて前述の議論で示したとおり、農家の経済規模の拡大は、土地の規模拡大を伴わなくても、経営管理の改善によって実現しうる。典型的な例が灌漑（例えば van den Dries, 2002）、土壌の肥沃度の改良、資源基盤を改善するための地域的な圃場の整備などだ。

このような生産性の向上をもたらすためには、安価でありかつ小規模経営のニーズに合致した技術的解決策が求められる。こうした解決策は、希少な資源の効率的な利用をもたらし、また、地域の資源の利用をより促し、地域の雇用を促進するものである。

とくに、土地の希少性が制約条件の鍵を握る場合には、収量が生産性の最も一般的な測定基準となる。多くの地域で、相当の「収量ギャップ」が存在する。これは、農地の実際の収量と、できるかぎり制約条件を取り除いた上で高度に制御された農場において、最新の品種を用いた場合に一般に達成される最大収量との差異であり、投資による改善余力を示

示唆するものだ。

■ボックス11■ 収量格差を縮めることは、多様な農業生態学的条件に取り組むことである

一般に、穀物収量は、潜在的な収量の25〜50％の間で変動する。最良の農家の収量は、実際の潜在的収量よりも低めに評価されがちであるが、単純な作物シミュレーション・モデルを使えば、潜在的収量をより正確に測ることができる。土壌肥沃度と雑草管理の差が、収量格差の有力な原因であり、農業上の実践を改善して目的にあった投資を行えば、収量格差を縮める大きな可能性がうまれてくる。

セネガルのような乾燥地域では、降水量の変化による生産リスクを減らすために、個々の農地レベルや地域レベルで節水型の投資や技術を用い、土壌肥沃度と雑草管理の向上とを組み合わせれば、実際の平均収量は倍増する可能性があろう。それによって、作物栽培の集約度を高めることが期待される。

ベトナムの天水田におけるコメ栽培では、新品種のコメの導入や同様の投資・技術的改善が行われれば、現在の収量の4倍の収穫が可能になると考えられる。

ブラジルのセラードでは、トウモロコシについて、マルチや慣行的地形管理技術によって水の流亡を防いだり、浸出による窒素流失を減らせる間作物を用いるといった、有機物を増やして水利用技術を高める投資を行なえば、収量を伸ばし1ha当たり5tの収穫が可能になるだろう。

そうした収量格差を縮める進歩を成し遂げる主要な要件は、このような幅広い提案を多様な農業生態学的条件に応じて微調整することである (Affholder et al., 2013; Tittonell et al., 2007)。

生産性を生産額で測る際、それは相対価格、とくに投入財や設備、機械の価格に大きく依存する。発展途上国では、投入財や設備が入手困難でありかつ高価であることから、生産性の向上を達成することは困難になりがちだ。このことから、

第一に、外部から調達される投入財への依存度が低い技術的解決策を適用すること、第二に、効率性を高めるために訓練や情報へのアクセスを通じて、集団および個人としての能力を高めることが求められる。また、必要とする投入財に対する小規模経営のアクセスを改善することも必要である（本章第3節1参照）。さらに、個々の小規模経営の負担を軽減するために、建造物や設備に対して、共同の投資を促進することも少なからず必要となる（本章第2節1参照）。経済的生産性は、相対価格の動向に対しても敏感である。投入財、とくに化石燃料や化学肥料の価格上昇により、これら資材のより効率的な使用方法への投資が求められている。コスト削減技術は、中長期的には高い収益性をもたらすかもしれ

ず、とくにこのような技術には知識ベース（農業生態学や環境保全型農業など）の強化を要するために、特別な注意を要するものである。また、極めて短期間では収益をもたらすことがないであろう土地、労働、あるいは金融資源といったものに対する「投資」も必要になるかもしれない。

主要作物の生産性向上が中心的な目的である一方で、農家自身の栄養状態および食生活を質量両面で改善することも同じくらい重要である。小規模経営が自給指向の生産活動を行う能力を強化し、消費を多様化し豊かなものにすることは、調和のとれた戦略の一部として位置づけられなければならない。ここでいう自給的生産活動には、「二次作物」という不適切な言い方で称されてきた作物の育成や、短期サイクルで行われる家畜の肥育、あるいは住居に近接した「家庭菜園型」生産施設におけるミルクや果物の生産などが含まれる。

最近の評価では、食料保障の向上と栄養摂取の質的改善は必ずしもリンクしたものではないとされている。一方で、この問題により効果的に対処するためには、問題への介入の制度設計というさらに上流部分に遡る必要がある。「食料保障および栄養の問題はしばしば農業への介入を正当化するために利用されるが、そうした介入の制度設計においては、食料保障と栄養の影響が明確で重要なものになるような計画は比較的なされてこなかった」。しかし、本報告で紹介する研究は、そのような影響は頻繁に期待されるものであり、農業関連プロジェクトは最大限に積極的なインパクトをもつように方向づけられることを示している (Levinson, 2011)。

余剰が生じれば、これらの生産物は地場ないし地域市場に出回ることになる。短い生産サイクルの小型家畜、ミルクの生産、多種類の豆類や果物などが生産される住居近隣の菜園は、社会福祉目的（食料保障と栄養改善）と経済的目的を結びつける方策として有効であろう。このような選択肢は一般に賛同を得ているが、小規模経営によるより多様な食料生産を目指したプログラムにおいて、子どもたちの栄養状態が改善したとの証拠を示す経験的かつ実証的結果はほとんど得られていない (Masset, et al., 2011)。

『アフリカの神秘』(Nweke, Lynam and Spencer, 2002) で紹介されたキャッサバ開発の事例は、むしろ貧弱な環境に適した生育の手間がかからない、またバラエティに富んだ加工品の中にあって都市市場のニーズに応えることができる作物の模範的な小規模経営にとってキャッサバをより魅力的なものにした（コナカイガラムシ対策については Herren (1980)、研究開発成果の全体像については Nweke (2009) を参照）。他にも（豆類や果物など）、日々の食生活を多様化し改善するための広範な潜在性をもった作物がある (Subramanyam et al., 2009)。豆類の導

入を強化することは、小規模経営の食料保障の改善にとって重要な選択肢だ（Misiko et al., 2008）。土壌の肥沃度を無償で向上させることができる大気中の窒素を取り込み、作物にタンパク質（作物によっては脂質）を与えることによってそれを行うのである。これらの作物は、収入を生むことにも貢献する。単に「商品化」されて国際市場で取引されていないという理由で、長い間「二次作物」と呼ばれてきた作物（雑穀類、豆類、根茎および塊茎類、野菜、果物）は、食物利用およびその具体的な加工技術においてとくに注目を集めており、今や研究開発の課題として第一に挙げられるようになっている。それとともに、「作物」「食品加工」「食習慣」あるいは「調理」といったことは、食の多様化の構成要素として、また市場開発戦略における重要な一部分として考慮しなければならなくなっている。農村住民および都市住民のニーズに向けた供給は、すでに農村部と都市周辺部の小規模農業にとって現実味のあるビジネス上の選択肢となっているし、将来の拡大を見込むこともできる（FAO, 2007）。同時にそれは、農家レベルのみならずより包括的なレベルにおいても食料保障を強化することになるであろう。

2　弾力性の向上

農家ならびに地域のレベルで、特定の生産能力の開発を通じて弾力性をいっそう強化する必要がある。それは、とくに気候変動に直面した場合に農業生産システムの多様化と安定化をもたらすものであり、土地および水資源管理の改善、作物や短期サイクルで生産される家畜の多様化、樹木（果樹や飼料用植物など）の導入と育種を通じた多様化、農場における作物と家畜の生物多様性の拡大、などによるものだ。公的な種子交配プログラム、および中小の民間種苗業者や種子供給システムの発展に対する支援は、農家が自由に保存、利用、交換することができるような、地域に適合した遺伝資源の普及を可能にするものであり、完全にこの政策課題の一部である。

換金作物か食用作物かという選択は、相互排他的なものではない。綿花の事例にみるとおり、双方がともにうまく発展することは可能だ。最近の出版物では、財へのアクセスに関する包括的な計画が提唱されている（Tschirleyet al., 2002）。また、計画の影響を考慮してシナリオを比較すると、マリにおける事例（Gérard et al., 2012）では、農村住民や農家にとっても、より安価な食物を入手できる貧しい都市住民に

とっても、小規模農業への投資の優位性が示された。（小家畜および大家畜の）畜産の開発は、小規模農業にとって考えられる多様化手段の一つであるとともに、貯蓄としても機能する。短い生産サイクルで小家畜を飼育することが小規模経営の条件に適合しており、年間を通じて定期的な収入をもたらす。農作物収穫パターンが季節性をもつ地域においては、それは戦略的な手段になる。酪農生産についても同じことが言えよう。酪農生産では、たった1頭の乳牛から農家自身の消費分がもたらされる上に、余剰分を市場に出荷することができるのだ。アジアの湿潤地域では、都市部における畜産物や酪農乳製品への需要が高まっているにもかかわらず、畜産業や酪農の拡大には多くの制約条件が存在している（Thomas et al., 2002）。小規模経営は、多様な農業気象上の制約にうまく適応した、多様性に富んだ地域固有の品種（例えば、牛、水牛、羊、山羊など）を管理しており、そうした品種の保全と改良が求められる。

重要な問題は、複合的農業経営の改良によって（質量両面で）年間を通じた家畜飼料が入手できるようにすることであるが、これは研究開発課題の中ではむしろ低い位置におかれてきた。また、畜産業の生産性を損なうような家畜の潜在的疾病を減らすために、より改善された低コストの畜産管理手法（Suzuki et al., 2006）を広く普及させるチャンスと技術的な選択肢も存在する（Devendra and Sevilla, 2002）。畜産業の弾力性と効率性を高めるためには、獣医サービスのような支援制度が鍵を握る。

弾力性を確立するためには、適切なリスク管理戦略（本章第2節2参照）や、農家のレベルにおいては十分な社会保護制度も必要である（本章第4節4およびHLPE, 2012b参照）。

3　小規模農業の条件に合った生産モデル

地域の条件に適合した生産モデルの問題は、小規模農業だけに関係するものではなく、農業全体に関わるものである。

しかし、小規模経営の主たる資産は自然資源であるために、この問題は彼らにとってとくに重大なものだ。もしも彼らが、持続不可能なモデルに基づく生産活動を行うことによってその自然資本を枯渇させれば、彼ら自身の生活の自然資本基盤まで破壊することになる。

小規模経営は、自給による食生活を多様で栄養価の高いものにするような生産モデルを必要としている。加えて、彼らは（労働力の）投資者としての強みに立脚し、また各種の制約条件（高価な外部からの投入財を購入する財力の欠如）を回避できるようなモデルを求めている。前述のとおり、小

規模経営は生産物の多様化のみならず、自身の農場により強固な生物多様性を持ち込むことによって、弾力性を向上する必要がある。最後に、小規模経営は、より多くの付加価値をもたらすような高価な生産物を扱う有望な新規市場に対して整合的な生産モデルを求めているのだ。

農家やCSO（Civil Society Organization）、および一部の国際社会の間には、FAOの『保護と成長』（2011b）で定義され奨励されたように、農業生態学あるいは生態面での強化のような、より持続可能な農業生産モデルの開発をいっそう進めてほしいという希求が相当程度存在している。このような持続可能なモデルは、次のように定義されよう。すなわち、自然資源および生態系サービスの管理と利用を最適化することを指向した手法ないしはシステムであり、外部の投入財の利用を減じることで小規模経営にうまく適合するモデル、というものである。こうしたモデルには、高水準の労働投入と景観管理に対する共同投資が必要とされる。また、それは知識集約的なものであるがゆえに、研究分野、普及活動分野、そして小規模経営の間での緊密な協働による知識の創造と普及が求められる（IAASTD, 2009）。ただし、このようなモデルに関する技術的な提案は、個々の現場に特化したものとなりがちであるため、誰もがすぐに使えるタイプの解決策が広く普及する見通しは乏しい。

農業生態学に依拠した技術は広範なものであり、また多くの利点を有している。にもかかわらず、小規模経営の間に急速に広く普及している技術は、ごくわずかにみられるだけである（Giller et al., 2009）。したがって、いっそうの研究と応用が不可欠である。さまざまに異なったタイプの小規模農業がもつ構造、ダイナミクス、ニーズ、可能性を考慮すれば、農業生態学的アプローチは小規模経営にとって間違いなく重要な財産になるだろう。同時に、慣行的な経営強化モデルも、それらをより持続可能な形で適合し、また実施することが可能であれば、放棄してしまうことは現実的ではない。異なったモデルについては議論が対立しがちであるが、問題は賛成か反対かということではない。どの生産モデルが小規模経営と環境の両方のニーズに最も合っているのかという文脈で移行のパターンについて考えることが重要なのである。

4　重労働、とくに女性の重労働の軽減

物的資産への適切な投資によって、農作業における重労働を軽減することについて特段の注意を払う必要がある。この問題はこれまで、研究開発の課題で大きく取り上げられることはほとんどなかった。農業経営の規模の拡大や耕地の拡張のためではなく、労働生産性を向上させ、収穫物を含む重

物の運搬を楽にし（土壌改良作業の上で重要）、労働負荷を軽減するために、十分な装備が必要である。

小規模経営が資源基盤を構築し拡充していくためのプログラムが求められている。重労働は、例えば、灌漑および排水設備の構築、棚型圃場の整備、土壌改良、土壌浸食の防止、住居や建屋の修繕、柵囲い作業、植樹、家畜を群に編成する作業などによって、生じるものである。とくに負担が重い労働については第三者による投資が必要であり、そうでないものについては小規模経営自らが対処することができる。

小型機械は、農業経営の拡大にはつながることはないが、労働負荷の軽減をもたらすものであり、市場アクセスと必要な場合には信用へのアクセスによって促進されるべきものだ。このような小型機械の多くはアジアで開発されたものであるが、最も必要としている地域においては未知の存在のままである。小規模なグループによる集団行動を起こせば、緊密な協力により大型機械を利用することも可能だ。

そして、農産物加工用の小型機械を普及させる必要が生じる。ここでもアジアの経験は、直接試して応用できるものとして有用である。このような投資は、とくに女性に関係するものである。女性は、すでに自営的農産物加工の大部分を担っているが、劣悪な環境のもとで生産性が低い状態にある。重労働の軽減の問題は、農薬のような有害物質の使用に伴う健康被害から農家を守ることを含んでいる。発展途上国における大多数の農村女性は、農場の現場での作業に従事している。女性に特有の重労働とは、時間当たりの負荷、極度の疲労感、きつい姿勢、手作業での運搬、困難の認識、実際の仕事量などを伴う (Mrunalini and Snehalatha, 2010)。農村地域における女性の労働時間は、作物生産や家畜飼養、賃労働、子育て、その他の家事など、多様な仕事のバランスをとっていると、非常に長いものとなってしまう (FAO, 2011a)。とくに家事に関して、炊事のための焚き木や水の調達は女性の時間の多くを費やしてしまい、彼女らがより生産的な活動に参加することを妨げているといえよう (Blackden and Wodon, 2006)。

このような地域では、大方は、女性が家庭で必要とする水をすべて調達する仕事を担っているため、村落内に水資源を整備することは水の運搬をする女性の重労働とそのための時間を節減することにつながる (IFAD, 2007)。また、鎌、収穫袋、野菜収穫用のナイフやカッター、押し引き式もしくは回転式除草機、脱穀機および精白機といった技術あるいは用具は、女性が携わる収穫、除草、脱穀などの労働負荷を軽減するのに適している (Mrunalini and Snehalatha, 2010)。

第2節 資産の乏しさを克服するための共同投資

1 生産財への共同投資

農家のレベルでの投資決定は、取り巻く環境の中でより望ましいと思われる各種要因の組み合わせを前提として下される。明らかに生産性の向上は一つの課題であり、小規模経営が効率性を高め、よりよい成果を手にする道は多様である。しかし、それは必ずしも経営規模の拡大につながるものではない。オストロム (Ostrom, 1990, 1992, 1993) の洞察によれば、小規模経営にとっての鍵である自然資源の管理と、より持続可能な手法への投資（灌漑システムなど）を管理する規則や規制を考えるべきである。実証可能な根拠や理論的基礎が、新しい制度的取り決めの枠組みをつくるための知識を提供してくれる。この取り決めは同時に「共同投資」であり、また個々の農家レベルの投資も可能にするものである。

ゆえに、共同で投資を行うことが、個々の農家レベルでの物的資本あるいは社会資本を増強し改良するための重要な鍵となるのである。投資は地域レベルの自然資源管理の改善に関係している。そのような投資には、例えば、（i）地域管理によってより多くの水を土壌に取り入れること、（ii）地域レベルで小規模経営への支援や組織的支援によって樹木の数を増やすこと、そして（iii）生産性の向上のために地域全体の利用をよりよく組織化すること、がある。こうした投資は、極めて厳しい環境にあるサヘル地域で推し進められ、目ざましい成功を収めている (Reij and Steeds, 2003)。その経験は、1970年から1990年の危機の時代に根づいたものである (Rochette, 1989)。例えば豆科植物や樹木の利用と関わる取水技術など、何をどのように投資するか、という知識が見事なまでに蓄積されており、その内容は数多くの文献によって裏打ちされている。マリ北部のように、降雨に乏しく旱魃が起きやすい地域では、灌漑設備が重要な戦略的投資の対象となる。1980年代には、市場経済の改革のもとにこうした投資が成功し、生産性（収量）の劇的な向上による小規模経営の収入増加をもたらしたのである。しかし、最近は人口構成の変化によって農家の規模が縮小し、その家計を脅かしている。今後、同様の投資を継続する必要があるが、それはこれまでとは異なる水準の費用になるだろう (Coulibaly, Bélières and Koné, 2006)。

しかし、環境による制約が強すぎて、マリの事例のように自然流下方式の灌漑を導入する可能性さえない場合、地域資源管理は貧困問題に取り組む上で十分な手法であるとはいえ

ない (Reij, Tappan and Belemvire, 2005)。しかし、地域資源管理が有効な地域では、こうした投資がリスクを劇的に減らし、収量を高め、食生活の多様化に道を開き、したがって食料保障を改善する。これは、公共の安全保障と平和の基礎となるものである。これらの投資のほとんどは、植民地時代やポスト植民地時代の初期にみられた多くの失敗のような「ハードウェア」型の土地管理ではないのであって、われわれはその点に注意を払うべきである。土地管理は強固に社会的かつ技術的問題であり、同時に、その所有権や権利制度について完全に理解するためには知識に対する本質的投資が必要になる (Crowley and Carter, 2000)。

痩せた土壌の改良に取り組むとき、食料保障の改善のためには投資は必要条件である。前述のとおり、問題の解決策は社会的な不均質性を考慮に入れた地域特有の事情に対応したものであることが必要だ (Lahmer et al., 2012; Tittonell et al., 2010)。このような投資は、重い荷物の運搬などの追加労働を必要とすることが多い。それは、(収入を稼ぐチャンスを拡げるための) 機会費用を負担せずには得ることができないような重い労働負荷である。ここに至って社会的部門において利用可能な手段 (実物もしくは現金の条件付き給付など) と農業部門における手段 (各種農業サービスへのアクセス) を結びつけるような、幅広い見地に立った小規模農業支援を

考える必要が生じるのだ。痩せた土地における土壌改良に対する投資は、収量を向上させることで食料保障に貢献することができる慣行的投入財をもっと利用することがふさわしい場合には、そのための前提条件になる。これらの選択肢は、相互排他的なものではない。しかし、適切な土壌改良の実施なくして、小規模経営が他の投入財を利用することを奨励したり促進したりすることは無駄であり、不経済をもたらすことになるだろう。これらの投入財は、過剰投入や誤った管理をしないよう、賢明な使用が求められる。誤った管理は、人びとの健康を害し、費用がかかり、非効率で、さらに環境に対する負の外部性を引き起こす。

■ボックス12■ 環境保全型農業を、現地の状況に合うように調整する

アフリカの半乾燥地域で暮らす小規模経営は、気候変動や人口圧力、資源劣化などの影響を直接・間接的に受けており、ますます弱い立場におかれている。こうした地域では、水や養分の利用効率を高めて土壌の生産性を回復させようと、環境保全型農業 (conservation agriculture: CA) が代替策として推奨されている。しかし、環境保全型農業の採用は、低い割合にとどまっている。それは、多くの技術的理由にもよるが、根本的には、現地の状況を適切に踏まえず、出来合いのもの (package) として進められてきたことによる。土

第3章 どのような投資が必要か

壌回復の長期戦略の一部として、環境保全型農業を現地に適した形で計画・実施する際に、農家に参画してもらう取り組みが、「農業生態学的環境保全型農業」（the agro-ecology-based aggrandation agriculture: ABACO）計画による中心的なアプローチになっている。ABACOには、「アフリカ環境保全型耕うんネットワーク」（www.act-africa.org）の働きかけにより、西・東・南アフリカから科学者や専門家が結集している。ABACOは、半乾燥地域における土壌の回復と水の生産性向上を目的とする、農業生態学の面で集約的な方法に基づいており、現地での共同イノベーションの舞台において実施・検証・普及がなされてきた。環境保全型農業を厳格に定義したアプローチが、あらゆる場所で機能するわけではないのに対して、ABACOは、それぞれの場所に応じた最も適切なアプローチを探究するよう提案している。効果的な政策決定に必要な情報を得るため、個々の農地から農場、さらに管轄区域に至る長期の規模横断的トレードオフ分析を支えるものとして、シミュレーションモデルが使われている。そこでは、農地から得られる予備的な調査結果がABACOの原理を説明・議論する際に使われており、こうしたものがアフリカの半乾燥地域以外の地域にも応用されるようになるであろう（Tittonell et al., 2012）。

2 リスク管理戦略への投資

第1章第3節1でみたように、小規模農業への投資には多くのリスクがつきまとう。投資というものは、本来常にリスクを伴う行動だ。逆にいえば、（生物学的なもの、気象学的なもの、あるいは経済学的なもの、その他を含めて）農業を取り巻くさまざまなタイプのリスク環境の複雑性が、投資の大きな制約条件となっているのである。

農業生産者が直面するリスクは、彼らの収入を大きく減少させ、結果として彼らに対して資産売却を強いることになり、また債務の返済能力を損なうことにつながる可能性がある。最悪の場合、小規模経営は、保有する生産財を取得価値より も低い値段で売却せざるをえなくなり、しかもなお、それらの資産取得にかかる負担を抱えたままの状態となってしまう。このようなリスクは、農家の資産構成にも直接的な影響を与えることになる。牧畜業が干ばつに直面した例（Gitzs and Meybeck, 2012）をみれば、生産財（家畜やその飼育のための牧草地）の劣化が、短期的にも長期的にも、どれほど生活に対する打撃をもたらし続けたかということがわかるはずだ。リスクに対する脆弱性そのものが、投資や信用供与へのアクセスの制約となるのである。補償されることのないリス

クへの脆弱性を克服し、ショックに対する弾力性を高めることは、投資戦略にとって欠くことのできない要素である。生産者は、政治の不安定性、価格関連その他の経済的リスク、気候、病虫害など、あらゆるタイプのリスクの影響を受けており、そのリスクの規模もさまざまである。主要作物の収量リスクは、その大部分を自らが消費する小規模経営にとってはとくに重大な意味をもっている。農家はまた、土地所有権の確保、質量両面での投入財（肥料、種子、農薬、飼料）へのアクセス、市場へのアクセスのそれぞれにおいて不安定性に直面している。さまざまなリスクが重なったときにはしばしば、その影響が増幅される。例えば、干ばつ被害による飼料不足ですでに弱っている家畜は病気に感染しやすくなるし、不作となれば次の生育期に用いるべき種子が不足する。さらに、気候の変動は、病虫害を始めとするありとあらゆる自然および環境リスクを増大させるだろう。気候変動が頻繁に起こるようになれば、価格の変動も生じやすくなる。

各種のリスクおよび脆弱性に対応するための総合的な戦略を立てるためには（第1章第3節1参照）、次の三つの異なるアプローチを考慮すべきである。

（A）リスクマネジメント（ショックに対して事前的なもの）：生産および生計のシステムがもつショックに対する脆弱性を軽減させ（例えば、生じつつあるリスク

を早期に発見し、特定のリスクに対する弾力性を事前に高めること。それらシステムのリスクを削減あるいは排除する）、それらシステムのリスクに対する弾力性を事前に高めること。

（B）リスクコーピング（ショックに対して事後的なもの）：ショックによって脆弱化し、食料および栄養状態の不安定化にさらされている主体（農家、地域社会、小規模食品加工業者、貧困層消費者）に対して、共済制度や社会的セーフティネットなどによって、十分な食料や食事へのアクセス、資産水準および生活手段を保障すること（本章第4節参照）。

（C）リカバリー：ショックに遭遇した後のシステムの回復に助力すること。

これらのアプローチを考慮しながら、これらの戦略を、特定の主体および特定のリスクカテゴリーを対象にした特定の政策と結びつけるべきである。

小規模経営の財産およびさまざまなタイプのリスクに備えた投資の弾力性を向上させることを目的とした政策には、次のようなことによって農家レベルでの経済的弾力性を構築するための手段が含まれる。すなわち、所得を増加させること、とくにそれぞれの経済活動に影響する諸リスク間に相関関係がない場合には、経済活動の多様化を推進すること（本章第1節2参照）、とくに生産資本の損失を回復する場合において

ては、保険を含む補償メカニズムを機能させること、などだ。また、作物に付く害虫や家畜の疾病といった特定のリスクを削減あるいは排除するために、迅速な対応を可能にする先進的な監視ネットワークを構築するといった手段も含まれる。一般的に、害虫問題への最善の解決策は、より抵抗性がある品種を栽培することである（Allara et al., 2012）。

■ボックス13■　投資としての防除

EMPRESの砂漠バッタ・プログラムによる「バッタ管理センター」の設立は、砂漠バッタが大発生した場合にいつでも迅速に対応できるよう備えておくための重要な一歩である。アフリカ西部において砂漠バッタの防除にかかる年間費用は、推定330万ドルであったが、これは、2003～05年にかけて大発生した際にかかった経費のわずか0・6％にも満たないものであった（Brader et al., 2006; Cossée et al., 2009）。

防除に関するもう一つの例は、小麦茎葉さび病を永続的な耐病性を利用して防ぐための国際協力である（Dubin and Brennan, 2009）。これは、新しい茎さび病の一種Ug99に対する監視ならびに速やかな対応、抵抗力をもつ品種の種子をつくり出すことによって、起こりうる大きな損失をいかに防ぐかという例である。

また、小反芻獣疫（PPR）は、社会経済的に脆弱な地域の畜産にとっては大きな脅威である。とくに限界地の粗放的な生産システムでみられることが多く、女性や羊飼いといった限られたサービスしか利用できない人びとが飼養している小反芻動物にとってはそうである。女性や羊飼いにとって、小反芻動物は最も重要な資産であることが多い。全国レベルでは、小反芻動物に関するロビー活動は、政治的な意思・資源へのアクセスに限りがあるため、関心は低い。農家も、小型反芻動物の健康への関心は低い。PPR（ならびに小型反芻動物の健康）への関心は低い。農家も、小型反芻動物の繁殖サイクルが短期間であるため、動物の健康やワクチンに投資しようとはしない。大きな見返りがあるようには思われないからである。

しかし、PPRが弱い立場の家畜所有者に及ぼす被害の現実からすれば、小型反芻動物の所有者が自身の生産システムを改善するために投資を行い、民間部門が獣医による治療を行うための輸送ルートを強化するといった戦略の構築が求められている（FAO, 2013b; Njeumi and Rossiter, 2012）。

他にも、干ばつ対策としての家畜用飼料の備蓄のような生産財損失の回避手段、あるいは種子の入手可能性改善のような早期回復を可能にする手段がある。

補償されないショックに対する脆弱性が、貧困の主たる決

定要因だ。リスクマネジメントとリスクコーピングは、そのようなショックへの脆弱性を軽減する。いずれの場合も投資コストを要するが、それらが小規模経営の長期的な生存可能性と福祉の拡大にとって、最も高い費用対効果をもたらすであろう。

第3節 市場を機能させるための投資

1 生産資材市場への小規模経営のアクセスを改善する

小規模経営は、投資を行ったり投資を最大限利用したりするのに必要な生産資材・サービスの利用状況の悪化に悩まされることが多い。貧弱なインフラ、高価格、不適切な製品など、あらゆる要因がこうした状況を生み出している。小規模経営の手に届くような製品やサービスを適切につくり出すことが、大きな課題である。

小規模経営に十分な種子を供給する際には、地場の市場が不可欠な役割を果たしている (Lipper, Anderson and Dalton, 2010)。例えば、ボリビアのコチャバンバ県では、農家はジャガイモの種芋を販売する際、他の農家に直接販売する場合もあるが、たいていは仲介業者に販売している。販売を担っているのはおもに女性であり、他地域や植付け期の異なる生産者の需要に応えるために、ジャガイモの貯蔵や運搬、転売を促進する役目を担っている。また、女性は、生産資材の供給や信用の供与者としても重要な存在である (Almekinders, 2010)。

種苗企業を地場で設立すれば、小規模経営により適した種子を供給できるようになる。また、それは、地域で品種改良や種苗に携わる生産者の発展にもつながるのである。そのような取り組みは、小規模経営のニーズに合致した地場産業創出の新たな機会となる。そのためのビジネスモデルや組織形態は、地域の事情に即したものでなければならないが、従来の研究では、このような活動によって農家に新たな付加価値や事業が生まれることが明らかになっている (Van Mele et al., 2011)。

収穫後の損失を減らす金属製サイロの導入がうまくいったのは、農村部で小規模製造業者の育成を推進したからである。例えば、2007年にエルサルバドル、グアテマラ、ホンジュラスおよびニカラグアで活動していた金属製サイロ製造業者数は、892であった。そうした技術をより高度化するためには、民間業者の金属製サイロ製造への参入と農家のサイロ導入が不可欠であることが、研究では示されている (Tadele et al., 2011)。

上述の事例は、投資に必要な生産資材やサービスの提供には、地場の経済主体が重要であることを示している。こうした経済主体は、生産資材やサービスに対する小規模経営のニーズや、相互理解を育みやすい小規模経営との近さ、とくに長期的な意思決定にとって重要な小規模経営の信頼感に合わせようと努めるのである。

小規模経営の組織化は、そうした役割を果たすであろうし、また、コストの削減をもたらす可能性もある。また、小規模経営に生産資材やサービスを供給する地場の小企業は、新たな事業や収入源を生み出す可能性もある。一例を挙げると、バングラデシュでは尿素深層施用技術が導入され、小企業が2500社も創設された。その多くは、女性(36)が所有する企業で、輸入肥料からブロックをつくって入手しやすく、ニーズに合致するように、大企業が供給する肥料や種子などの各種生産資材を小さな袋に分けて売ることが、地域レベルでは必要であった。このことが、多くの女性が所有・経営する小企業が創設されるきっかけとなっているのである。

2 小規模経営にとって有利な市場開発に投資する

市場に関しては、国内市場、すなわちさまざまな産品（果物、野菜、ミルク、近海魚を含む動物性食品など）で構成されるその国の日常の食生活に供されるような、ありふれた食品を取り扱う市場を、本報告の勧告では最優先に考えたい。こうした食品は、低所得者層の人びとの日々の食生活をささえるものである。小規模農業にとっては、都市部の市場（大都市や拡大しつつある中都市にある市場）が、成長の推進力となるであろう。このような市場に対しては、地域の小規模経営が生産能力の強化を図れるように、必要となる特定期間は保護策を要することもありえよう。

一方の小規模農業と、他方の成長する国内市場とのつながりを築き、改善するためには、多様かつ十分調整された投資戦略が必要である。消費者に近い下流では、中・大都市における卸売市場や小売市場の近代化が必要である。それには、インフラ（貯蔵、冷蔵、電力供給、浄水、舗装、アクセス道路、銀行支店、度量衡の統一など）への投資以外に、市場そのものの経営近代化に向けた大事なものとして、品質の等級・基準、重量・サイズ計測などにかかる、当局による効果的な執行を伴った規則への投資も含まれる。上流にある農場では、トレーニング、市場情報、経営助言業務、生産者の組織化などが、伝統的市場がより順調に機能する上では不可欠なものである。ここでは、公的な投資が決め手となる(37)。

前述のとおり、小規模農業は、市場の外側に存在しているわけではなく、小規模農業を市場と「結びつける」といった議論には、意味がない。したがって、中心的な問題は、農家および地域のレベルでいかに投資を行い、どのような利害関係者と付加価値を増加・維持していくのかということにある。

まずは「低価格品」の生産が、しばしば国内市場における不公平な競争の脅威にさらされていることを認識することである。農家段階での価値の歩留り率は、不利な市場状況によって低下するだろう。独自の加工を施して生産物を市場流通に適したものにできれば、差別化を図り、「低価格品」競争から脱却し、付加価値を得るという点で価値ある選択肢となる。たまに誤って表現されることもあるが、実はこのような市場は、ニッチ市場ではない。つまり、この市場では、小規模経営が大きな存在を示すことが多いのである。先進国、例えばフランスでは、その割合は20％にまで及んでいるという (Bonneuil et al., 2006。または De Roest and Menghi, 2002 を参照)。地域での生産・加工にかかる独自のノウハウを介した人間と自然資源とのアイデンティティ関係の存在は、こうしたオルタナティブが浮上する鍵の役割を担っている(38)。そこでは、小規模経営による生産は比較優位に立っており、近接性や資産の特殊性、市場アクセスのための外部地域との関係構築と結びついた共同ネットワークを動員することができるのである (Perrier-Cornet, 2009)。

上記のような生産物は、地場で加工され、したがって地場のレベルで付加価値を生み出す。農家や中小企業による食品加工や他の付加価値創出事業は、自律性や市場参入能力を高めるための小規模経営の生計戦略の一環として強化しなければならない。生産物の長期保存がきく食品加工への投資は、低レベルの市場インフラと生産・収入の季節変動を克服する一つの方法であり、農家や地域で付加価値を確保するための強力な手段となるのである。

生産者と消費者とが（短い流通距離で）直接出会える地場の市場は、可能なときにはいつでも奨励・強化されてきた。このような動きは、先進国ではみられるものの、その数は限られたままである。新興国や発展途上国では、例えば女性の団体やネットワークを通じて、農村の生産者・加工業者と都市部の消費者とを直接つなぐような事例も報告されている。生産者と消費者との相互理解と新たな取決めによってつくられたこれらの新しい市場区分を創造・発展させる際には、社会運動が大きな力になっている。ヨーロッパの事例が示すように、国家や地方、自治体当局が、インフラ整備や規制緩和によって、この新しい運動を強力に支援することも可能である。公共政策による支援を含めて、このような運動には高い優先度が与えられるべきであろう。

市場のインフラや規制を開発・統治する際の官民パートナーシップには、地方当局、取引業者ならびに生産者組織、および国家機関が含まれる。生産者組織が市場で影響力をもち、取引コストを削減できるように推進することと、地場の取引業者あるいは小規模加工業者を支援することは、矛盾していない。そのような方策は、独占的で不公平な地位に対して制限をかける公正な市場経済の発展を支えることになるのである。

3 金融サービスへの小規模経営のアクセスを増やす

小規模経営に対する信用供与が欠乏している状況には、終止符が打たれなければならない。革新的なスキームを最優先させるべきであり、また、団結の価値と絆に基づく長年にわたる協同組合システムから教訓を引き出すことも可能である。インフォーマルな金融システムをいっそう制度化し、フォーマルな金融システムにつなぎ合わせる必要があろう。地域の信頼関係（ソーシャルキャピタル）を基盤にすれば、小規模経営は、各自の貯蓄を集積して共有のファンドを組成し、農業に対して集団的な投資を行うことができる。こうしたファンドは、公的保証を付した民間金融機関の支援を受けることもありえよう。農村地域に現存するインフォーマルなネット

■ボックス14■
協同組合銀行：ラボバンク、過去の教訓と新たな可能性

オランダでは、1880年代の深刻な農業危機への対応の一つとして、農家が協同組合銀行の濃密なネットワークを全国でつくり出した。当初は小規模な銀行で、村単位で運営され、時には聖職者や地元の知識人（例えば教師など）の支援も受けていた。小規模ではあったが、これらの銀行はオランダ農業の回復と後の繁栄に重要な役割を果たした。

各地域にあった協同組合銀行は合併し、ラボバンクは現在、堅実な銀行として国際的に活動している。但し、ラボバンクは今も協同組合のままである。近年の経済危機においても、このことは大きな利点であることがわかってきた。ラボバンクは多くの農家や食品産業に融資を行っている。

現在、ラボバンク・グループは発展途上国において多くのプログラムを運営しており、協同組合銀行事業を新たに構築するための援助を行っている。その目的の一つが、「（協同組合の）組合員の利益のために、市場の失敗による否定的な影響を是正・軽減すること」である（Rabobank Group, 2012a）。また、ラボバンクは、協同組合のことを「小規模経営をバリューチェーンのなかに包摂する鍵」であると言っている（Rabobank Group, 2012b）。包括的な食料戦略のためのフレームワークが開発されてきたのである。

ワークを考えると、このようなコミュニティに根ざした解決方法は、小規模経営が適正な金融サービスを獲得する上で、大きな可能性があるだろう。

国家と金融機関（銀行に加えて、年金基金や保険会社を含む）は、金融機関の与信能力の一定部分を小規模経営向け貸出しとして明確に割り当てる可能性について、調査研究を実施すべきである。民間金融機関の小規模経営向け投資に公的保証を付すようになれば、政府や公的金融機関は民間金融機関に対して、農家に対する融資負担を分散させつつ、小規模投資に必要な金融サービスの開発を行うように働きかけることができる。協同組合や小規模経営団体が小規模経営を集めて、官民の金融機関と協力しながら金融サービスに関して学べるようにすることも効果的な投資やリスク管理に関して学べるようにすることもできる。小規模経営の協同組合・団体がこのようなイニシアティブをとることも、農家が金融サービスを享受して投資を拡大する上では不可欠であり、有益なことである。食品加工業における中小企業（SME）の役割を拡張することも、重要である。個々の農家が農場内で手がける加工作業についても、同じことがいえる。規制の範囲は、加工業に携わる中小企業および農家加工の現実に合わせて設定されなければならない。これは、政府の仕事である。関連する技術的な提案を伴わなければ、信用供与だけでは、生産性の向上に資することはない。そのことは、最近のフランス開発庁（AFD）の委託研究（Jessop et al., 2012）で指摘されている（ボックス15参照）。

■ボックス15■ 農業金融へのアクセスを可能にする

本研究で強調したいのは、農業にみられる弱点やリスクは、金融機関がもっている金融商品では解決しないということである。農業信用それ自体が小麦を成長させるわけではなく、農業保険が作物に損害を与えるような天候を食い止めることはできないということである。実際、数十年にわたる農業信用プログラムは、農業の発展にほとんど効果をもたらさなかった。チュニジアやインドのように、ある程度効果をもたらしたプログラムもあったといえるのかもしれないが、その場合も、農業にもたらすものがほとんどないまま、農家の借金がかさむことになった。農業に効果的な影響をもたらすためには、農家が自身の経営でイノベーションを起こす気になるような金融サービスを構築しなければならない。6ヵ国で行われた調査では、実際にそうした金融サービスが実現された例がいくつか確認された。イノベーションにつながる農業金融の重要な要素は、以下の三つである。（i）融資それ自体のコストを減少させること（貸付の効果的な方法・技術）。（ii）農業金融を農業の成長パターンとキャッシュフロー循

キームに取って替わるものであるとの見方が多かった。しかし、最近の調査では、このようなタイプのメカニズムでは、農業のニーズをまったく満たせないことが明らかになっている（ボックス16参照）。しかし、社会的保護（social protection）の場合と同様に、このようなメカニズムは家計に影響を与えるため、間接的な影響が投資戦略に有利な方向に働くこともあるかもしれない。もっとも、それは間接的な方法でしかないのである。にもかかわらず、このようなファイナンス・スキームは、依然として高い金利を伴いながら行われており、そのことが最も弱い立場の借り手にとっての脅威となっている。

ここで、広がりをみせているバリューチェーン・アプローチを通じた金融調達についても、述べておきたい（Jessop et al., 2012; FAO, 2012a）。このアプローチは、生産資材供給業者、小規模経営、加工業者、小売業者、消費者といったバリューチェーンにおける経済主体間の取引ベースの関係を利用したものである。この垂直につながった経済主体は、外部の金融機関から金融サービスを受けることもできる一方、例えば、相互に資金を融通しあったり金融リテラシーを高めるために、自ら組織化を図ることもできる。契約農業や倉荷証券担保金融といった、さまざまなタイプのバリューチェーン・アプローチがみられる。通常、与信は、将来期待される

> 環にうまく合わせること。（ⅲ）ローンの返済が適切に行われるようにバリューチェーンを利用すること（それによって、融資が本来の目的に使われ、生産性の向上をもたらし、農家が所定の買い手に対してローン返済が可能な公正価格で農産物を販売できるようになる）。確かに、バリューチェーンはほぼすべての農業金融イノベーションの中心であり、銀行のリスク管理においても重要である。本研究の実践例の多くは、バリューチェーンの論理を土台にしており、有利な販売契約や暗黙の技術移転があれば、信用リスクは軽減される。バリューチェーンを利用した融資のきっかけになるのは、バリューチェーン内の取引相手とのつながりである。つまり、融資は、このシステムのまさに潤滑油なのである。同様に、農業信用保証や農業保険の最も成功した例を見ると、バリューチェーンが円滑に機能することを目的としている。面倒な行動や価格リスクを軽減すれば、バリューチェーンにおいて生産者と買い手は効果的に協力することができる。それゆえ、バリューチェーンの検討は、間違いなく、農業金融を発展させる際の中心的な舞台でなければならない。
>
> 出典：Jessop et al., (2012)による。

生産資源に対する投資の利用に関しては、マイクロファイナンス機関が、構造調整政策以前に機能していた信用供与ス

作物の売上金を担保として行われる。バリューチェーン・アプローチは、輸出作物で多く採用され、政府系開発金融機関とつながりをもっているが、食料保障の改善のために地場の基礎食料品を対象にすることも可能である。

るリスクにさらされているのが一般的である。マイクロファイナンスの金融商品は、大半が短期の小口融資であるため、回転率の高い（農外の）商業ビジネスの方が適しているのである」（Marr, 2012）。

　金融機関を実際に評価する際、評価をめぐる方法論的な弱点を重視するメタ分析については、コルトら（Korth et al., 2012）や、ヴァン・ロベンら（Van Rooyen, Stewartm and De Wet, 2012）の研究を参照されたい。検討された融資プロジェクトでは、女性が融資の対象である場合、子どもの食料や栄養にはプラスの（しかし限られた）効果を与えており、子どもの就学についてはかなり限定的で、むしろ逆の効果をもたらしているという結果が示されている。

■ボックス16■ マイクロファイナンス金融機関と投資

　マイクロファイナンス金融機関（MFI）は、農業投資を目的とした適正な手段を与えられていなければ、農業投資を支援するための解決策にはならない。
　MFIのほとんどは、都市に基盤をおいている。営業リスクが小さく、より収益性が高いと考えられるためである。農村地域では、消費や家庭内での支出（食料、医療、教育）に対する貸出が優先されており、農業はリスクの少ない活動に比べて優先事項になっていない。MFIの開発した金融商品は、投資に対する支援を目的としたものではなく、短期の農耕期にかかる支出に必要な資金を提供することすら行っていない。生産条件を改善する投資には支援できないのである。
　「一般に、農業を目的とする融資は、収穫までに時間がかかり、多額の費用を要するため、伝統的なマイクロファイナンスの金融商品は、たとえ農業融資に当てはめたとしても融通が利かず、適切なものではない。また、農家は同じ場所で同じ作物を栽培する傾向にあるので、農業生産は同時に変化す

4　契約農業と投資──社会的包摂過程としての契約農業の経済的・制度的条件──

　契約農業が小規模経営にもたらすメリットとデメリットは、これまで議論の的になってきた。多くの研究では、小規模経営に及ぼすプラス効果が評価されてきたが（Minten, Randrianarison and Swinnen, 2009）、他方で小規模経営を社会的に包摂するには限界があり、ましてやそのような仕組みは小規模経営の福祉を損ねる性格さえもつことを明らかにした研究もある（Iwasa, 2005; Tsurumi, 1982）。ここでは、契約農業

第3章 どのような投資が必要か

は小規模経営が直面する問題を解決するための奇跡の解決策とはならず、世界中のすべての小規模経営に適用可能なものではないということを指摘するだけで十分だろう（Miyata, Minot and Hu, 2009）。限界があることを認識した上で、この項では小規模経営を社会的に包摂するためのプロセスとして契約農業を機能させるための経済的・制度的条件を示してみたい。

契約農業とは、農産物の購入者（例えば、農産物加工業者、輸出企業、専門卸売業者、スーパーマーケット、あるいはその代理で活動する業者）が個々の農家生産者もしくはインフォーマルな団体やフォーマルな生産者組織との間で契約もしくは準契約を締結する状態のことである。この契約・準契約では、決まった数量を、予定された期日に、ある条件の組み合わせ（典型的には、生産物の品質基準など）のもとで、事前に定められた価格、もしくは出荷日の市場実勢や納入時の品物の状況に応じてある程度固定された価格幅で購入する形をとっている。つねにというわけではないが、こうした契約上の取り決めの中には、購入者から生産者に対して、与信、農業生産資材、技術的アドバイス、機械類の貸与、輸送などに関する提供を課すという条項が盛り込まれることもある。これらの財およびサービスにかかったコストは、最終的に生産者に支払われる代金から控除される。こうした仕組みは、1970年代以降、世界中で広がりをみせるようになってき

た（ボックス17および18参照）。

契約農業は、おもに二つの理由から、小規模経営に利益をもたらすと主張されてきた。一つには、彼らのおかれた不利な状況、すなわち、契約外での信用供与手段の欠乏、市場および関連する最新の技術・情報の利用の欠如）を補うことである。多くは中・大企業である購入者側からみても、契約農業は、市場の価格変動や気候変動のリスクを生産者に転化できる手段である。あるいは、同様の契約を国内のさまざまな地域で締結し、労務管理コストを節減し、土地投資なしで生産物を新たに入手し、数量は足りないが市場の需要が大きい生産物を新たに導入することによって、こうしたリスクを分散させるための手段になる。このような「お互い得をする（win-win）」関係が、生計の改善や社会的包摂を伴う近代化を進める上でのさまざまな恩恵を小規模経営にもたらすことができると、しばしば指摘されている。

ヘンソン（Henson, 2006）は、下流に位置する中・大企業が、小規模経営との契約を望む基本的な理由をまとめている。すなわち、「小規模生産者は生産コストが低く、また高付加価値作物の多くは規模の経済という面では限界があることが明らかになっている。例えば、品質基準の厳格さゆえに高水準の労働力の投入が要求されるような手間のかかる果物や野

菜の生産では、小規模経営に競争力がある」。グローヴァーとクスタラー（Glover and Kusterer, 1990）によると、小規模経営はプランテーション労働者に比べて組織化が進んでおらず、したがって非難を受ける可能性が低いという理由で、企業は小規模経営との契約を好むとされている。加えて、小規模経営との契約農業では、農村開発や貧困緩和プログラムと絡んで、地方当局、国際開発機関、NGOから、金融を主としたさまざまな支援を引き出すことができる。大企業は、たとえ大規模農家との契約が可能な状況でも、小規模経営から調達していることも明らかになっている。レアルドンら（Reardon et al., 2009）が紹介したラテンアメリカの事例には、チリにおけるトマト加工部門のケースが含まれている（Milicevic, Berdegué and Reardon, 1998）。そこでは、小規模経営は今後ますます、企業が求める極めて労働集約的な圃場管理作業に従事することができるし、従事しようとすると指摘されている。また例えば、フォン・ブローンら（von Braun, Hotchkiss and Immink, 1989）が紹介したグアテマラのケースでは、大規模野菜輸出業者は1980年代にはプランテーション型の自社栽培から中規模栽培にシフトし、最終的には小規模経営との契約に転換したという。その理由は、小規模経営は家族労働力を綿密に管理することができるため、集約的なできめ細かな圃場作業が可能であるということにある。ア

しかし、ビュルノ（Burnod et al., 2012）は、複数の国の比較研究を行った結果、小規模経営の収入向上は体系的にみられるものではなく、一時的なものにすぎず、豊かな農家にのみ生じたにすぎないと主張している。新技術の応用や品質基準の導入は、小規模経営が高付加価値産品市場に参入する道を開くことになるかもしれないが、比較的資源の限られた農家にとっては、そのような試みからは脱落してしまう。生産資材（農薬、肥料、飼料、ワクチン、機械類など）やサービス（金融、改良普及活動、貯蔵、輸送など）の供給に関していえば、小規模経営には過重債務や破産のリスクが伴う（Burnod et al., 2012; Iwasa, 2005; Tsurumi, 1990）は、契約農業において企業と農家の間には「利害対立、搾取、買い叩きが起こる余地が相当ある」と指摘している。このことは、企業（その多くは、多国籍企業もしくは独占企業）と小規模経営との間には、（社会的・政治的な力の

134

格差に加えて）経済力でも大きな格差が存在するということを意味している。小規模経営は脆弱な立場であり、発言力も小さいために、価格決定や土地利用権、品質基準の運用といった取引契約の中身に直接影響する。そして、そのことは、彼らの生活状態の悪化をもたらすことになるのである。小規模経営が、農家組織を設立したり政府やNGOからの支援を受けることによって交渉力を獲得できなければ、経済的・社会的な自立を勝ち取るどころか、バリューチェーンにおける自律性を失うリスクを負う羽目になってしまうだろう（Iwasa, 2005; Vellema, 2002）。このことは、契約農業は、小規模経営にとってアプリオリに利益をもたらすものではなく、成功のためには何らかの支援や政策が必要であるということを意味している。もちろん、このようなリスクは、契約農業のスキームに参加している比較的豊かな農家の問題であって、そこから排除されている小規模経営にとっては、問題にすらならない。

一方で、「農業部門における規模の二重構造」に関連して、小規模経営が排除されていることを示す研究もある。この二重構造のもとでは、中・大規模経営から企業は調達する選択をとることになる（Dries et al., 2009; Neven et al., 2009; Reardon et al., 2009）。ヘンソン（Henson, 2006）も、小規模経営以外から調達できる選択肢が存在する場合、一般に下流

に位置する購入者が小規模経営との契約を避ける理由について、以下のような指摘を行っている。「…とくに日和見主義のリスクや協調性の欠如、レントシーキング〔注〕による取引不成立のリスクが大きい場合には、膨大な数の小規模生産者を抱えるサプライチェーンを調整・管理するための立地面および農産物特有の取引コストが、極めて大きな負担になる。このようなコストは、高付加価値食品にまつわる食品の安全性および品質基準がますます厳格化されるにつれて増大し、小規模生産者を排除せざるをえない下地をつくり上げている。さらにいえば、確かに高付加価値商品市場のサプライチェーンへ小規模生産者の参入を徐々に促進してきたサプライチェーンの事例は無数にみられるものの、最も効果的な社会包摂メカニズムあるいはそうしたメカニズムがもたらすプロセスについての合意は、ほとんどみられない」

〔注〕企業が政府・官庁に働きかけて法制度や政策を変更させて利益を得ようとする活動。

では、契約農業のスキームに小規模経営を公正に包摂していくための条件とは何だろうか。

第一に、とくに女性に配慮した形で、小規模経営を契約農業の中に社会的に包摂するプロセスを構築するためには、公共政策が不可欠の役割を果たすことが、喫緊の課題である。本報告では、すでに他の箇所において、小規模経営を法的、

政治的、社会的に認知する必要性が喫緊の課題であることを述べてきた。加えて、当局は、とくに契約スキームについて、小規模経営と企業との間にある力の格差を調整できるような規制の枠組みを明確に構築しなければならない。

現在、EU諸国では、大型小売チェーンに対する小規模経営の経済的な力を強化する目的で、反トラスト的で公平な一連の契約を確立しようとしている (Carrau, 2012; Del Cont, Bodiguel and Jannarell, 2012)。2008年の世界食料危機の後、フランス経済財務省は、主要な農産物や食品の価格とマージンを毎月監視し、ウェブサイト上で公開することを決定した。2012年には、これらのレビューに関わる最初の報告書が国会に提出され、農家（大半は小規模経営）と大企業との間の極めて偏った力関係について、国内での議論の質を高めることになった (MAAF, 2012)。前出のスリランカのケースで示されたように (Herath and Weersink, 2009)、契約スキームにおいては、契約内容の透明性と契約農業に関わる適切な規制が、小規模経営を社会的に包摂したプロセスを構築するための第一の基盤となるのである。

第二に、土地なし農民や土地保有の法認を十分得ていない小規模経営に対しては、土地保有権を保証することが不可欠の条件である。小規模経営が圧倒的多数を占める状況にありながらも、土地以外の資産配分が不公平な状態にある地域で

は、あるタイプの小規模経営（土地以外の資産保有が限られている経営）が排除される徴候が徐々にみられると指摘する文献もある。また、いくつかの研究では、土地以外の資産が、小規模経営が現代食品産業のチャンネルに「包摂される」際の欠くべからざる「最低限の投資対象」であることが示されている (Berdegué et al., 2008) がメキシコの事例を紹介しており、そこでは、作物特有の農場設備が必需品であるという。スーパーマーケットの分野は、ベルドゥゲら (Hernandez, Reardon and Berdegué, 2007) が、グアテマラにおける生鮮トマトの事例を紹介している。国家による農地改革プログラムの実施は、小規模経営の契約農業スキームにとって欠かせない条件であり、また、土地再配分プログラムを進める際には契約農業が有効なものとなりうる。土地保有権は、小規模経営の自立と自己決定権の実現に向けた道を切り拓く。大規模プランテーションあるいは大企業と小規模経営との間で土地をめぐる紛争が存在する地域では、小規模経営の生活条件を保障するための公的な介入および規制措置が必要である。さらに、政府と開発当局には、土地利用や小規模経営の生活様式に対する契約農業の長期的な影響について、特段の注意を向けることが求められる (Burnod et al., 2012)。

第三に、例えば規模の経済や交渉力、金融・技術の普及と

いった種々のサービスを受けるシステムの欠如など、契約農業スキームにおいて小規模経営が抱える数多くの制約条件に対しては、農業協同組合や生産者団体などの農家組織を設立することが一つの解決策になりうる。小規模経営は、効果的な販売協同組合を構築することによって、企業に支払う取引コストを軽減することができるであろう。それについては、フォン・ブラーンら (von Braun, Hotchkiss and Immink, 1989) が、グアテマラのクアトロ・ピノス協同組合を例に紹介している。同時に、国（ないし州政府）、NGO、企業からは、小規模経営をよりいっそう支援するために小規模経営を組織すべきであると求めている。

しかし、ベルドゥゲ (Berdegué, 2001) は、近代化された市場に対応するという点では伝統的な協同組合よりもかなり優れていると考えられてきたチリの「新世代協同組合」のデータを用いながら、1990年代初期に設立されたこのタイプの協同組合の多くが倒産にいたったことを伝えている。この報告によると、成功した協同組合は、複雑な資産構成をもち、フリーライダーを回避する制度が整備され、慎重なマネジメントが遂行されることが必要であったが、そうした事例は稀であった。協同組合が近代化された市場に参加することと自体は比較的容易であったものの、市場の要請に応じて展開したり、必要な投資や修正を図ったりしながら、市場に参

加し続けるということはほとんどなく、困難なことだったのである。ただし、現存の農業者団体が直面するこうした限界は、団体の非効率性を強調するものではない。むしろ、団体の強化を図るためには効果的なサポートが必要であることを強く訴えるものなのである。

第四に、各種のインフラや、機械類、生産資材、金融、技術などの資産へのアクセスを改善することは、小規模経営を社会的に包摂する契約農業には欠かせない要素である。食品企業は、信用、農業生産資材、改良普及活動、生産物の買上げといったサービスを小規模経営が利用しづらい状況に対処するため、「資源供給契約」(Austin, 1981; Dries et al., 2009) というものを利用することがある。こうした資源供給は、小規模経営に「特有の市場の失敗」を解決し、大規模農家に対抗する競争力を与えることになる。また、政府やNGOが、このような契約に盛り込まれている資源を提供することもある。1980年代のメキシコの冷凍野菜業界の事例として、ビヴィングスとランスタン (Bivings and Runsten, 1992) は、大規模加工業者の調達方法が実に多様性に富んでいたことを指摘している。それによると、大規模農家と小規模農家の両方と契約を締結していたある多国籍企業は、大規模農家との資源供給条項を付さない契約から小規模経営との高度な資源供給条項を伴う契約まで、7種類もの契約を結んでいたとい

う。ところが一方で、このような「資源供給契約」は往々にして、弱い立場にある小規模経営にとっては、負債の源泉にもなりうるものである（Burnod et al., 2012）。過重債務は、小規模経営の収入減をもたらすだけでなく、調達先企業からの自立性を弱め、時には契約農業や土地保有権から追い出されることすらある（Tsurumi, 1982; Iwasa, 2005）。契約農業のスキームは、小規模経営の経済的・社会的状況の改善を公的な政策および規制の最優先課題とすることを目的に組み立てられる必要がある。

■ボックス17■　ラテンアメリカの事例

契約農業は、この数十年の間、ほぼすべてのラテンアメリカ諸国において、政府と民間部門双方によって強力に推進されてきた。アロヨ（Arroyo, 1980）によると、契約農業は穀物以外の部門において生産を組織する際に非常に重要な形態として、すでに1970年代初頭にはこの地域にしっかりと定着していた。ラテンアメリカの中・大規模経営、さらに大規模な都市市場や国際市場に向けて生産するわずかな小規模経営を含めると（Berdegué and Fuentealba, 2011）、なんらかの契約もしくは契約に類似した方法以外で生産する農家の数は急速に減少しつつあるともいわれている。契約農業は高付加価値農産物ではより一般的なものとなっており、そ

こでは質を重視した商品が極めて重要になっている。一方、メキシコでは、穀物生産の場合でも契約農業が増加しつつある（Echanove Huacuja, 2009）。

小規模経営による契約農業の好例としては、グアテマラのクアトロ・ピノス協同組合が挙げられる。彼らの多くは、もともとは貧しく、大半はマヤの先住民グループに所属している。ランディ（Lundy, 2007）によれば、「クアトロ・ピノス」は、約30年にわたり野菜の輸出ビジネスで成功している協同組合である。近年では、専門の卸売業者との提携を通じて、いくつかの産品ではアメリカの大規模市場の開拓に成功してきた。現在の需要は組合員の生産能力を大きく超えており、新たな生産者と産地が必要になっている。それを実現するために、クアトロ・ピノスは、有望な環境的地位にある農家団体や協同組合、指導的農家のネットワークを含む既存の農家グループを特定し、彼らと生産事業計画を検証して、目標とする分量や品質に見合う能力を示した者と契約している。協同組合は生産者グループと、産品の固定価格だけでなく、分量や品質、生産スケジュールを規定した法的な拘束力をもつ契約を取り交わす。さらに、投入財や技術支援の形での信用も生産者グループに提供され、その経費は最初の産品出荷分から差し引かれる。このようなモデルを通じて、クアトロ・ピノスは、ここ3年間の野菜輸出で、年間成長率50％を達成

している」。ここでのポイントは、組織の管理やマーケティングを通じて、小規模経営の能力向上に成功していることであり、それがまた他の小規模経営の協同組合への参加という波及効果をもたらしているのである。

シェイトマン（Schejtman, 2008）は、ラテンアメリカ各地の小規模経営に関する数多くの成功事例と失敗例を検討している。彼の結論は、「この地域の成功事例のすべてに共通する特徴は、契約農業に伴う新たな制度上の取り決めに従う生産者組織が契約とその規定に従うよう確約を促し、報いることが必要である」というものである。同様に、成功を収めるパートナーシップは、1シーズンではなく時間をかけて構築・達成されるということを理解しつつ、双方の側が長期的な見通しを立てることが求められるのである。

■ ボックス18 ■ アジアの事例 *

戦後のアジアでは、契約農業は1960年代に導入された。アメリカの多国籍企業が、フィリピンのバナナとパイナップル部門に導入したのが始まりである（Tsurumi, 1982）。グローバリゼーションと市場開放のもと、同地域では生鮮果実・野菜、ブロイラー、水産物、パームオイルなどの需要の高まりに対応するため、1980年代よりアジアの多国籍企業も契約農業を発展させるようになった。マレーシアやインドネシアといった国々では、大型の国営企業が小規模経営との輸出志向型契約農業に重要な役割を果たす一方、タイでは、フィリピンと同じく民間部門が独占的な地位を築いてきた（Little and Watts, 1994）。これらの輸出志向型契約が盛んになるなか、多国籍企業は現地化政策を採用し、現地生産者と現地市場向けの契約農業を拡大している（Sekine and Hisano, 2009）。さらに、契約農業は、消費者協同組合だけではなく、小規模経営と国内小売チェーンや食品産業、レストランとの間の取引でも増加しつつある。

先行研究に見られるアジアの事例は、契約農業についての極めて重要な示唆を与えてくれる。マレーシアの連邦土地開発庁（FELDA）のプロジェクトは、1980年代までに換金作物生産で3万戸近い小規模経営が参加するという、最も成功した事例の一つと考えられてきた。しかし、岩佐（Iwasa, 2005）は、FELDAのプロジェクトが、入植ならびにゴム・油ヤシの契約農業を通じた小規模土地所有者の創出によって農村貧困層を救済するという本来の目的から乖離してきたことを明らかにしている。この大型国営企業は、子会社を通じて農業・食料事業ならびに非農業・食料事業の発展に着手するようになった途端、高い経済的収益性を追求するようになり、土地所有権を配分するという契約生産者との

約束には実際には修正が加えられたのである。このことは契約生産者の強い反対に遭ったため、結局は撤回されたものの、この出来事は、契約生産者の次世代のやる気を大きく失わせることになり、彼らは契約農業から離れていくことになった。1990年代になると、FELDAは生産の減少を埋め合わせるために直営のプランテーションを開発し、外国人労働者を主としてインドネシアから雇い入れるようになった。本事例が示唆しているのは、契約農業が成功するためには、土地所有権の分配と経済的自立性がいかに重要かということである。

一方、タイでは、小規模経営の土地所有を適切に承認することによって、契約農業の発展がもたらされたことが報告されている(FAO, 2012b)。外国人事業法の規定が、農業生産に外国人投資家が参入するのを規制しているため、外国人は現地小規模経営との契約農業の拡大に向かったのである。これとは反対に、日本では、政府が農地法の規制を緩和し、農業生産部門への民間企業の投資を奨励するようになった。関根と久野(Sekine and Hisano, 2009)によれば、アメリカの多国籍企業であるドール・フード社が、こうしたビジネス環境のもとで、どのようにして小規模経営との契約農業から撤退し、自社農場を設立していったのかを明らかにしている。土地をめぐる紛争は、カンボジアでも激しくなっている

(FAO, 2012b)。土地問題は、小規模経営の食料保障や栄養供給に直接関わっており、特別な注意を払う必要がある。

* これは、戦前には契約農業が全くなかったことを意味しているわけではない。たとえば、19世紀には、日本の植民地当局が台湾で契約農業による砂糖生産事業を行ったことがある。

5 市場アクセス改善における小規模経営組織の役割

小規模経営組織は、構成員の利益を増進するような立場でなければならない。しかし、効果的なやり方で組織化したり組織運営に携わったりする能力や経験が不足している場合がある。したがって、これらの組織を支えるためには、組織が成熟するまでの間、政府やNGO、開発関連機関が触媒の役割を果たすことが望まれる(Diaz et al., 2004)。これらの組織は、市場における他の経済主体が小規模経営の利益に見合うサービス供給を行っていない場合、あるいは悪条件でサービス供給を行いながら行っている場合、小規模経営組織がサービス供給を行えるように支援することが必要である。また、そうした支援が起爆剤として必要であるならば、先進国の生産者組織の事例と同様に、競争による効率性向上がもたらされるであろう。

購買、加工、販売、ネットワークを介した新たな知識・技能・種子の交換、機器・設備類への共同投資といった集団行

第3章 どのような投資が必要か

第4節 制度を機能させるための投資

1 公共財の供給のための投資

動は、数多くある事例のうちのほんの一部にすぎない。上記以外のタイプとしては、マーケットチェーンに参加するために個人・団体の効率性を向上したり、下流の経済主体に対する小規模経営者の交渉力を強化したり、規模の経済を追求して取引コストを大幅に削減したり、規模の経済を追求して市場へのアクセス条件を改善することに向けられる投資がある。このような投資は、収穫直後の作物貯蔵のための倉庫管理（より有利な価格実現を目的としたもの）や、中・小型の加工設備（農家あるいは地域レベルなどで、いっそうの高付加価値の維持を目指したもの）に関わるものかもしれない。また、小規模経営組織は、業界標準（技術発展）に追いつくことや、小規模経営が改善された条件で市場に参加できるように交渉することを目指して、強化を図るべきである。

小規模経営に対する公共財やサービス（医療、教育、道路、灌漑、飲料水など）の提供を重んじる政策は、小規模経営自身の能力を高める上でたいへん効果的である。農村住民、とくに小規模経営に対する公共財および公共サービスの提供は、都市住民に対するものと比べて大幅に後回しにされがちである。小規模経営によりよいサービスを提供することを可能にし、そが農業だけでなく農外の活動に投資することによって、農業への投資をこから得られる収入を家計に向けることで、農業への投資を大きくするということにつながる。

家族労働力を利用できることが小規模経営にとって第一の資産である。栄養不良、良質かつ手軽に入手できる飲料水の不足、疾病、教育の欠如、極端なジェンダー不平等（女性差別）といった状況はすべて、家族労働力の質量両面での低下をもたらす。したがって、基本的なニーズを確保することが必要不可欠だ。それは、小規模農業における他のあらゆる投資にとっても、重要な前提条件である。ここでは、公的投資およびNGOの役割が、戦略的な意味をもつことになる。公的医療サービス、基本的な公共財（安全な飲料水、衛生設備、電力供給、教育など）および特定の小規模経営からの食材調達による学校給食のような共同財（collective goods）の提供、さらには、現金給付（cash transfer）、保険、年金事業（retirement schemes）などを含む社会的保護事業などが、小規模農業の発展、ひいては投資に対する大きな影響をおよぼすのである。

道路や通信網、電力供給、灌漑、学校教育、水供給、衛生

設備は、若い世代にとって農村地域での生活をより魅力的なものにすることができる公共財である。同時に、これらの基礎的な条件は、家族労働力の生産性向上にも資する。公共財への投資は、貧困の緩和をもたらすとともに、地域格差の解消にもつながる（Fan, Zhang and Zhang, 2002; Fan Hazell and Haque, 2000 および Zhang et al., 2004 によるインドと中国の事例）。道路網の整備は、小規模経営による市場へのアクセスおよび農外での雇用を改善する（Gibson and Olivia, 2010）。とくに、アフリカのように、市場アクセスが他地域に比べて著しく高くつくような地域について、それが言える（Livingston, Schonberger and Delaney, 2011）。例えば、タンザニア連合共和国では、道路網を改善し、農村集落を道路に近接させることによって、地方の人びとに対する政府の貧困緩和対策がより効果的になる（Kwigizile, Chilongola and Msuya, 2011）。ヴァル（Warr, 2005）によると、1997年から2003年までの間に貧困レベルは9・5％低下しており、それに対する道路網開発の寄与度は13％であったという。

通信網、ならびに商品価格や需要に関する情報システムが、生産活動とともに社会的な課題にとってのよりよい情報（技術、価格決定、金融などに関するもの）を確保する上で必要である。中国における研究（Fan and Zhang, 2003）によると、農村地域での通信網に対する投資は高いリターンを生む。例えば、通信網に1ドル投資した結果、農村地域のGDPが7ドル近く増加する。同じく農業総生産も1・91ドル増加するという。また、農外収入のリターンはおよそ5ドルに達するとのことである。このことは、電力供給、灌漑、学校教育、飲料水供給、衛生設備に関してもあてはまる。市場情報システム（伝播メカニズムを含む）は、市場の発展への共同参画と議論という形で、公共部門、民間の市場関係者、そして農村地域の生産者組織を一体化する。これは、生産者の収入改善（平均5％から10％の価格上昇）のための重要なツールであるとともに、共通理解を生み出すことで政策決定に影響を与えることになるであろう（Galtier, 2012）。

資源の組み合わせをうまく調整し、最善の資源利用を追及することは、極めて重要である。これに関しては、例えば中米で開発された「農民から農民へ」アプローチなどの知識を共有（あるいは、その普及）する新たな方式が優れている（Hocdé and Miranda, 2000）。また最近では、アフリカでもこれに関連した実績が報告されている（Sanginga et al., 2012）。

2　開発研究への投資

1980年代以降、研究および普及活動は軽視され、国際的にも国内的にも、小規模農業はその重要性が十分には評価

表4　中国の農村地域における公共投資からのリターンに関する過去の研究事例

投資のタイプ	リターン/影響度			
	農村GDPリターン	農業GDPリターン	農外収入リターン	貧困削減率
研究開発	9.59	9.59	-	6.79
灌漑	1.88	1.88	-	1.33
道路網	8.83	2.12	6.71	3.22
教育	8.68	3.71	4.97	8.80
電力供給	1.26	0.54	0.72	2.27
通信網	6.98	1.91	5.07	2.21
貧困層向けローン	-	-	-	1.13

注：表中の数値は、ある特定のタイプの公共投資に投じられた1単位に対して、何単位のリターンがあったかを表している。出典：Fan and Zhang（2003）。

されてこなかった。農家のニーズに合った生産モデルとの間に一貫性を保つ形での質の高い研究活動および普及サービスへの投資を強化することが必要だ。研究においては、新たな課題（気候変動、エネルギー問題、環境問題、生物多様性、資源管理など）を包含し、昔からある課題（生産力および生産活動そのもの）の両方を包含し、目的を複雑に組み合わせて取り組まなければならない。また、多様性、および食料・栄養保障を推進する必要がある（HLPE, 2012a）。ここで、キーとなるメッセージは、「貧困な農家のための貧困な研究と普及」という悪循環を断ち切るということだ。

政府およびこれらの活動への資金供給共同体は、国の研究および普及制度に対して最大限の関心を払い投資を実施する必要がある。このような支援は、いくつかの基本的な方向性に応えなければならない。すなわち、（i）農村地域の生産者組織とNGOがパートナーシップ関係を結ぶこと、（ii）独占販売権のない遺伝素材を用いて、悪条件のもとでも生産可能な、地域に適した遺伝素材の開発を目的とした研究を行うこと、（iii）投資に関して低コストで革新的な提案がなされること、（iv）生産システムの多様化を推進すること、そして（v）小規模経営における付加価値の増加をもたらすような活動の開発を進めることである。

研究の方向性に係る選択に関しては、食料作物と栄養の問

題が最も優先されなければならない。国際市場には向けられない作物が最優先されるべきであるし、研究活動は小規模経営の状況に焦点を当てなければならない。国際的な研究センターと国内のセンターとの生産的なパートナーシップは食料作物を優先するべきである。牛乳生産、植物や小型家畜からのたんぱく質の産出は、大きな規模で推し進めるべきであり、研究活動はこれらの産出に対して評価を与えるべきだ。

食品加工業については、都市部での消費に向けた市場の変革に適応できるように、施設や市場取引方法の効率性と生産性を向上させるための研究活動のサポートを受けるべきである。

本章第1節3で述べたように、多くの小規模経営にとって、自然資源の持続的管理とエコシステム・サービスを最適なものにするような農業のエコロジー・モデルは、とくに有望なモデルである（IAASTD, 2009）。農業生態学的アプローチは通常、知識集約的であって、地域の状況に適合していることが要求されるという事実がある。そのことは、このアプローチには、自己の利益のために限定された範囲の技術だけに着目する民間部門の投資とは対照的に、共同投資および公的な投資が必要であるということを示唆している。育種事業への公的な投資やローカルな種子系統を保存するための支援は、

農家が自由に保護、交換し、売買する権利をもつようなやり方での、ローカルなレベルに適合させた遺伝素材の伝播を容易にする。

研究および普及活動における努力は、農業生態学的アプローチの発展には不可欠である。但し、同時に、そのような技術には潜在力と将来性があるものの、誰もがいつでも使えるような解決方法はないということを認識する必要がある。慣行的な農業への農業生態学的原理の取り込みを進める研究もまた重要である。例えば、土壌ならびに水資源保全型の農耕を実践すること、あるいは合成肥料や農薬の使用を最小限にすることなどである。このような見解は、先進国にも途上国にもあてはまる。これに加えて、社会経済的側面からも、小規模農業に対する理解をより深めるような研究がなされなければならない。

小規模経営に研究対象を絞り込んだ研究や、参加促進型で能力開発型でもある方法論に基づいて研究計画を立て、実行することが求められる。これこそが、研究結果を、社会経済面でも、あるいはエコロジー面でも、小規模経営をめぐる状況に対応させるための最良の道である。それを達成するためには、研究システムは、その制度上の優先度や成果の影響度、さらには資金的な裏付けといった点で、小規模経営に対してより説明可能なものでなければならない。

3 政府と公的サービスの能力強化

小規模経営の発展を効果的に推進するためには、公共部門の力量を取り戻し強化することを通じて国家の権威と能力を回復――それが必要なときにはいつでも――させるための投資が求められている。そこには、資源配分についての説明責任が含まれている。国家には、小規模経営の代表者を含む民間ならびに公共部門の利害関係者を組織化し、将来の政策の枠組みづくりとその実現のための対話の環境を保障する上で、決定的な役割が与えられている。

また、小規模経営の投資については、国家ならびに地方政府当局は、既存の土地ならびに資源に関する権利の承認と実施、また、必要に応じて、適切と思われる再配分メカニズム（以下に述べる）を通じた土地および自然資源へのアクセスを確保しなければならない。

とりわけ大多数の小規模経営の農業生産活動において、農家が育成し保全する種子（farm-saved seed）の役割は彼らの生活にとって極めて重要であり、また、生物多様性の本来的な保存における小規模経営の貢献が認知されるべきである。したがって、小規模経営の自家採種や交換の権利が保護される必要がある。「食料および農業のための植物遺伝資源に関する国際条約」の第5条（保全）、第6条（持続可能な利用）、および第9条（農家の権利）の厳重な実施は、このような方向性への第一歩と言えよう。

要するに、小規模経営が生物多様性の本来的な保存に対して貢献していることが認知されなければならず、「食料および農業のための植物遺伝資源に関する国際条約」あるいは生物多様性に関する条約の厳重な実施を通じて、農家が種子を保存し交換する権利が承認されなければならないということである。

土地に対する投資に関して最も重視すべきは、そこに生活基盤を依存している多くの小規模経営や遊牧民に対して、戦略的に比重の大きい共同土地資源へのアクセス権を始めとする権利を保障することであろう（Brasselle, Gaspart and Plateau, 2002）。権利証書を与えて土地所有権を分散させることは、投資の前提条件にはならない。

土地や水資源の配分に関して極めて不均衡な状態が存在するとしよう（これは、小規模経営がもつ潜在的生産力を開花させる上での致命的な障害である）。こうした場合には、公平性を生み出すようなプログラムが必要とされる。具体的な状況に即して、複数の選択肢が考えられるだろう。その選択肢は、例えば、土地改良から、灌漑プロジェクト、土壌肥沃度の根本的改善、新たな作物導入事業、また、家畜の（再

導入にまで及ぶだろう。このような公平化プログラムにおいては、女性労働者に対する特段の配慮が求められる。共有地や各種資源に対する権利は、バイオマスの採取や漁獲あるいは狩猟によって生計の一部の足しとしているような、さまざまなタイプのコミュニティや社会的集団の貴重な権利として承認されなければならない。共有資源へのアクセスを通じてこそ小規模農業の維持が可能になるような多くの状況のもとでは、このような権利はたいへん重要である。

また、小規模経営の貧困の削減と食料保障のために、新しい制度的工夫や、貯蓄、信用、リース、為替、保険といった一連の金融サービスが、いっそうの発展をみる必要があるだろう。国や国際機関は、こうした目的を実現させるために、金融機関に対してその貸付能力の一定割合を小規模経営の資金に割り当てさせ、また、年金や退職後の手当てといった社会保障制度を欠いている国々においては、こうしたことを制度化させるように働きかけることができるだろう。

世界各国において、農業およびアグリビジネスの発展をサポートするための、さまざまな官民連携の手法が推進されている。これらは一般的に、社会的に有益なインパクトを与えることが期待されるプロジェクトへの、各種の公的支援といいう形をとる。こうした手法を小規模農業に役立てるためには、

国および小規模経営組織の関与、プロジェクトの目的の明確化、ならびに各参加者の役割および責任についての明確な認識、そしてモニタリングプロセスの存在が要求される。2012年にFAOは、アフリカ、アジア、および南米の15ヵ国で実施された一連の官民連携の評価に着手した。課題を洗い出しながら、教訓を引き出しつつ、実施過程での課題を特定することが目的である。

4 投資のための社会的保護

一方での小規模経営の家計や生産に関わる財源と、他方での彼らの相続財産や資産とは代替性をもっているので、社会関連投資は、同時に生産関連投資に資するものとなる。社会的公共財の供給が農業生産力に及ぼす効果について取り扱った最近の研究論文によれば、このことは広く認知されている。

ゆえに、ヘルスケア関連の投資は、小規模経営のレベルにおいて、次の二つの異なった目的をもつことになる。つまり、（i）より高い生産性をめざして労働の質を高めること、および（ii）医療に関する支出を減らして家計負担の圧力をなくすという側面から生産力向上のための投資を増やすことである。例えば、中国で実施された健康保険のスキームは、投資に値するものだ。教育に対する投資も、同様の目的を達成

するために有効であろう。すなわち、（ⅰ）生産力上昇につながるような知識習得のスキルを向上させることによって、人的資本を増強すること（直接的効果）、および、（ⅱ）知識（技術や市場情報など）を獲得する能力を高めることである。この点でも、社会的サービスの提供における共同活動のためにグループを組織することが最も重要である。

■ボックス19■
農村部と都市部での野菜農園と果樹園が、小規模農家や弱い立場の人びとの食料保障を強化する

1990年に発足したプロウエルタは、アルゼンチンの都市部ならびに都市周辺部における食料生産プログラムである。このプログラムは、国の社会開発省が全面的に資金を提供し、国立農業技術研究所（INTA）が実施したものである。60万の家庭菜園（一つの菜園が約1ha、家族5人が養える面積）、7000の学校菜園（2ha）、4000のコミュニティ菜園（10ha）が開かれ、300万の人びとが自分たちで食料を生産するのに役立っている。プロウエルタは、投資1ドルにつき、食料生産で20ドル分を生み出している。この中には、弱い立場のグループの活力を高めたり、社会資本を形成することにつながるような非貨幣的な利益は含まれていない。

このプログラムは、当初は貧しい人びとの食料危機と栄養失調に取り組むためのものであったが、コミュニティでの公正な物々交換・取引によって経済的な利益が新たにもたらされ、社会的な連帯を強めることにつながった。このことが地域経済を刺激し、貧しい人びとに新たな雇用機会を提供することになったのである。

プロウエルタは、現場の技術者やボランティアとの緊密なネットワークを通じて、小規模で農業生態学的な食料生産を推進している。病害虫を自然的な方法でコントロールし、肥料をつくるための小規模な堆肥施設がつくられている。このネットワークにより、投入財の配分も容易になったのである。また、プロウエルタは、ラテンアメリカ出身の外国人技術専門家の訓練も行っている。2005年からはハイチ共和国と協力し、その数は20万人にのぼっている。

同様の考えは、社会的セーフティネット、ならびに社会的保護についてもあてはまる（HLPE, 2012b）。これらは、食料への権利の付与と健康・栄養状態の改善のための介入の手段であり、小規模経営がよりよい成果を得るような生産活動への投資を行えるようにするものである。こうしたことを目的にすることで、小規模経営が不測の事態を克服し、往々にして回復不能な資本喪失プロセスを止めることに役立つことに

出典：Roberto Cittadini, Coordinador Nacional del Pro-Huerta(INTA-MDS)。また、Cittadini(2010), http://www.vocesenelfenix.com も参照。

なる。

現金だけでなく資産も、家計サイドと生産活動サイドの間で代替が可能である。突発的な状況や予期せぬ支出に対処しなければならない際に、このことはしばしば過去に行われた投資に影響を与え、また、多大な資源が農業セクターの外部に流出してしまう (Holmes, Farrington and Slater, 2007)。社会的保護は、通常は非生産的支出であると考えられており、生産部門からは切り離して取り扱われることが多い。しかし、実際には、社会的保護は、農家の生産活動の面と結びつくものであることを正しく理解すべきである。小規模経営の二つの側面(社会の単位としての家族、および生産の単位としての家族)を全体として考慮に入れることで、社会保護政策と生産活動にかかる政策の両方をうまく視野に入れ、より効果的にする余地が生まれる (Sabates-Wheeler, Devereux and Guenther, 2009)。

北米自由貿易協定 (NAFTA) 発効後にメキシコで採用された現金給付政策の事例から、明らかになったことがある。それは、農村直接支援プログラム (Procampo) のもとで計画されたこの政策は、1.5倍から2.6倍の乗数効果を生み出したということだ。しかし、「プレミアム」を得たのは大型の経営だったのである (Sadoulet, de Janvry and Davis, 2001)。投資に対するプログラムの構想、目的、およびその

直接的ならびに間接的効果をめぐっては議論があるものの、最も脆弱な層に属する農家を対象としたこのようなスキームの実行には、それを支持する十分な根拠があるように思われる。ただし、政府のマネジメントが貧弱である場合には、それは制約条件にもなりうる。

5 投資を可能にする土地保有権の保証

食料保障達成のための投資にあたって、権利を保障することが不可欠な要素である。まず、第一に、たとえ小規模であっても、農家はフォーマル、インフォーマルな諸権利の組み合わせの上に立っており、そのことが権利を行使する条件になっている。第二に、土壌改良、樹木の植栽、建物の建設、家畜の選定など何であれ、農業への投資が通常長期に渡るものだ。そして最後に、これらの権利が保障されていることは、金融機関から借入れを行うための条件である。

すでにみたように、小規模農業システムは、複雑かつ多様な活動を包含しており、その活動の多くはさまざまな資源へのアクセスに依存している。それは、土地、水資源、牧草、森林、野生食物などへのアクセスから成り立つ多様な権利を伴っている (Bharucha and Pretty, 2010)。また、農家の自家消費または市場販売用生産のための多様な素材へのアクセス

第3章 どのような投資が必要か

もここに含まれる。こうした活動の多くは、その直接的な利用者である女性労働者ならびに土着の人びとにとってとくに重要な意味をもつ。このような活動、資源獲得、権利の確保は、農家の生存そのものの鍵を握ることになる。なぜならば、それらは、追加的な収入、あるいはとくに栄養価に富んだ食料資源の獲得をもたらすことが多く、小規模経営にとって困難な時期、すなわち食料不足の時期の克服に資することになるからである。マリのゴールマ地方では乳牛の搾乳量が落ちてしまう時期、さらには、雑穀の貯えすらなくなってしまう時期には、野生の果物や穀類が、タマシェク語でいわれるところの「人びとが飢餓に陥る時期」、あるいはプル語で「最悪の季節」と呼ばれる時期を何とか乗り越えるために欠かすことができない役割を担っているのである (Berge, Dialo and Hveem, 2005)。

牧畜のシステムは、とりわけ牧草や水資源の入手可能性に応じて家畜を季節的に移動させることにより、乾燥地を利用し、また適切に管理するものだ。多くの地域で、牧畜は、土地利用や保有権の変更に脅かされており、それによって利用できる土地や家畜の移動範囲が狭められ、乾期におけるシステムの存続にとって不可欠なエリアを失うことになる (MA, 2005b)。より一般的にいえば、放牧システムは、時期に応じてさまざまな土地を利用している。このシステムが存続で

きるかどうかは、それらの土地にアクセスする多様性と柔軟性にかかっている。それらのうち一つの土地でもアクセスできなくなると、牧畜経営の生存を脅かすことになりかねない。このことは、多くの土地区画の利用に依存し、さまざまな形の利用権、例えば、ぜひとも必要な「通過権」を含む、さまざまな権利に依存する数多くのシステムについてもいえることである。こうした慣習上の土地利用権は、フランスのような所有権および成文法の伝統が根強い国々においてさえも、認知され制度化されるほどに重要であり、かつ複雑なものである。

通常、農業への投資は長い時間を要するものであり、そこから長期の借地制度と、その適切な登記制度が求められる (例えば、Colin, Le Meur and Léonard, 2009)。そうした借地権があってこそ、そうした投資にインセンティブが与えられるというものだ。また、借地人が投資できるためには、ある種の「契約」も必要である。そのような契約は、借地人に投資する権利を付与するものであり、契約の終了時には、貨幣的なものであれ労働に関するものであれ、借地人による投資の残余価値を補償するような条項を含む。例えば、植栽された樹木に関しては、しばしば複雑な交渉を要することがある。ザンビア東部の事例では、作物の収穫後、農場の作物残余やその他の草木類の中に牛を自由に放して餌を食べさせ、その

結果、乾季になると農地が共有地に変わるという事態が生じた。また、この時期には、ウサギ猟師によって灌木に火がつけられることもある。こうした行動は幼木を台なしにしてしまうことになり、農家が植樹を行わない主たる理由にもなっている。そこで、これに関係する三者間の交渉により、農家がマメ科樹木の植栽に投資することができるようにした結果、かなりの土壌肥沃度の改善と家畜のための飼料供給が増えたのである (Chaudhury et al. 2011)。

フォーマルなものであれインフォーマルなものであれ、土地保有に関する制度はジェンダーバイアスを伴いがちであり、土地配分の不公平を矯正するための策も効果が小さい。一例を挙げると、農地改革プログラムおよびこれに関連する法律は、ジェンダーの面からのアプローチを欠いてきた (Agarwal, 1994; Deere and Leon, 2000; Razavi, 2003)。その多くは、「世帯主」としての男性を優遇してきたのである。土地管理や裁判にかかる制度についても、同様であった (Monsalve Suárez et al., 2009)。例えば、相続にかかるルール (Rao, 2008) などを通じての土地へのアクセスおよびその管理上の女性に対する差別的な扱いは、大きな不平等と本質的な貧困をもたらす。なぜならば、土地は単に生産財あるいは有形の富の源泉であるにとどまらず、安心、ステータス、社会的認知といったものの源でもあるからだ (Rao, 2011)。

6　効果的で代表性のある小規模経営組織をつくるための投資

さまざまなレベルで小規模経営の集団としての声を強めることは、投資能力を向上させるために優先させるべき課題となっている。つまり、小規模経営の組織自身が、市場指向型経済のなかでメンバーのためになるような投資のあり方を考えていかなければならない。小規模経営は支援を求めている。小規模経営の組織が歩む道として、多くの場合、多目的なものが選好される。それは、政府やその関係当局は組織の専門化を主張するであろうが、小規模経営の組織においては、農家レベルと同様に、生産活動にかかるニーズと社会的なニーズが相互につながっているからである (Bosc et al., 2001)。いずれの場合でも、長期的なサポートが小規模経営集団の声を強める重要な鍵となる (Bingen, 1998)。

集団レベルにおいて小規模経営の組織構造を強化することが、その投資能力の向上、生産力の引き上げ、そして自分自身の投資の収益性を高めるような投資交渉力の強化のために必要である。そのような力の強化プロセスは、組織メンバーの貢献 (集団の課題に、現物でも時間でも応える) に公的な支援が加わることを求めるものである。ここには、次のようなことが含まれる。

第3章 どのような投資が必要か

小規模経営組織の社会的、法的、政治的な承認——能力の向上—— 小規模経営は、個人あるいは社会的集団やその組織のいずれでも、権利義務をもつビジネスおよび社会部門である。

社会的および政治的に小規模経営を「プロの地位」として承認すること そして、農家が多角的な活動を行うという性格を承認すること。これらは、公的に認められ、また、関連する一連の権利として規定されるべきである。ここでは、国連の諸機関の役割が重要なものとなる。これらの権利には、必要に応じて、小規模経営の自然資産を増やすために再配分された土地へのアクセスができるようにすべきである（下記を参照）。

階級、カースト制度、女性蔑視、少数民族差別、さらに遊牧民などの職業グループに向けられた差別感など、投資へのアクセスを制限するような不公平な地位を生み出す特有の社会的性格については、より深い考察を加えなければならない。M・S・スワミナサンは、営農に関連した領域で、より広範な女性の法的権利を承認するよう、インド連邦議会上院に議員立法案を提出した（Swaminathan, 2011）。女性は、インドの農民の50％以上を占めており、農業部門の労働力としてはおよそ60％を占めている。

小規模経営を代表するさまざまな組織の集団としての能力

強化 地域レベルから全国レベルに至るまで、サプライチェーンの——すべてではないにしても——特定の部門を組織化するために、法的もしくは組織的な形態（協同組合、協会、民間企業）にかかわらず、あらゆるレベル（集荷、等級付け、包装、加工、販売など）を包摂した多様な企業形態の組織である。ここでは、技術的、経済的、また政策指向の集団的行動を結合することが、鍵を握ることになる。集団行動の重要性を踏まえ、また、小規模経営による投資や、フードチェーン上、部門内または地域レベルでの協調を円滑なものにすることが不可欠だ。効果をさらに高めるためには、（妨害し合うのではなく）互いがサポートし合うという意味で、行動の統合をめざすことが求められる。これこそが、本報告書が、次の第4章でさまざまなレベルにおける戦略的かつ協調的なアプローチを提案する理由である。

【注】

(31) ここでは、「最も弱い立場にある層に向けた社会政策ならびに経済政策に自給の要素を」加えることについて述べている（de Janvry and Sadoulet, 2011）。

(32) 例として、国際的戦略である Global Hort (http://www.globalhort.org/about-globalhort/) および Food for the Cities (http://www.fao.org/fcit/fcit-home/en/) を参照の

(33) 一例として、世界の小型反芻動物のうち62・5％がPPR（小反芻獣疫）に感染するリスクがある。

(34) 世界牛疫根絶計画（GREP）の成功によって、家畜と農家の生計に対する主要なリスクが抑制されることとなった。

(35) 越境性動植物病害虫緊急予防システム（EMPRES）の砂漠バッタ・プログラムにおけるバッタ防除センターの設置は、大発生した砂漠バッタの襲来に対して、いつでも迅速な対応準備を可能にするための大きな一歩となった。

(36) IFDC 2011、Fertilizer Deep Placement (FDP) (http://www.ifdc.org/Technologies/Fertilizer-Deep-Placement-(FDP)/)。

(37) 先進国において、高品質で新鮮な地元産食品の生産と消費を直接結びつける、ファーマーズマーケットその他の短縮化された流通チャンネルが見事に発展しつつあるのは興味深い。ヨーロッパにおける原産地名称保護（PDO）、地理的表示保護（PGI）および伝統的特産品保護（TSG）といった制度は、このような形態の発展強化にかなり貢献している。

(38) 例として、FAOのウェブサイト（http://www.foodquality-origin.org/resource/other-documents/en/）を参照のこと。

(39) Reardon et al. (2009) で紹介されたラテンアメリカの事例として、以下のものがある。チリでは、果物の加工・輸出業

者による小規模経営の利用割合は、10〜15％にとどまる（Carter and Mesbah, 1993）。アルゼンチンとブラジルの近代的酪農では、1990年代から民間の品質基準が引き上げられたため、小規模経営から中・大規模農家へと急速にシフトした（Farina et al., 2005）。グアテマラに関するベルドゥゲら（Berdegué et al., 2005）、およびメキシコに関するレアルドンら（Reardon et al., 2007）の研究によれば、メキシコのトマトやグアテマラのバナナとマンゴーのように規模の面で二重構造の業界を対象とする場合、大手チェーンは大規模な生産者や出荷業者からおもに調達しているという。グアテマラのトマトやメキシコ・中国のグアバのように、小規模経営が大多数を占める業界を対象とする場合には、大手チェーンは小規模経営から調達するのである（Wang et al., 2009）。

(40) フランス競争消費不正防止総局（DGCCRF）のウェブサイト（http://www.economie.gouv.fr/dgccrf/concurrence/Observatoire-des-prix-et-des-marges）を参照のこと。

(41) www.fao.org/ag/ags を参照のこと。

(42) 法案は、「女性農業者にとってジェンダーに特有のニーズに応え、彼女らの合理的な要求および権利を擁護し、農地や水資源に対する権利、あるいはそれに関連する機能やそこにつながる問題に対する権利を彼女たちに付与するためのもの」

として、議員立法の形で提出されたものである (Swaminathan, 2011)。

第4章 小規模農業
──投資のための戦略的アプローチ──

小規模農業は、食料保障と栄養供給にとって必要不可欠である。多くの国では、小規模農業の役割を考慮せずに食料保障を実現することはできないだろう。とりわけ、小規模経営こそ、飢餓と栄養不足に最も直面している人びとだからである。

農業、とくに小規模農業部門が雇用や生計の主要な源泉となっている世界の多くの地域において、現在進んでいる構造転換や変化のダイナミクスを考えれば、小規模農業による、小規模農業への、小規模農業のための投資を強化していくのが妥当であることがわかる。投資は、さまざまなレベルで多様な形態をとりながら、関係者を幅広く巻き込んでいくことが求められる。そうした投資は、小規模経営自身によるものだけでなく、それ以外の関係者、ことに政府や民間企業・銀行によっても行われるべきである。農業政策の範囲を越えて、とくに公共財への投資や社会的保護のあり方も含めた活動方針の調整が必要不可欠である。

したがって、小規模農業への投資は、部門や時間・空間をまたがる**戦略の調整**が必要である。その結果、本報告では、「小規模経営投資国家戦略」の策定を提案する。この戦略は、各国ごとに総合的で広く認められるものになるだろう。実行に移す際には、小規模経営の参画や発言力を伴った政治的支援が必要であろう。この戦略は単独ではありえず、より広い農業・経済開発戦略の一要素であるべきである。戦略に掲げられた中核的な任務を実現するには、公共部門の強化が求められる。

第1節 小規模農業のためのビジョンを基礎にした「小規模経営投資国家戦略」

この報告書では、あらゆる国が小規模農業のビジョンに基づき、小規模経営部門の構造転換を支援する一連の施策と予算を伴う**小規模経営投資国家戦略**を、国レベルで策定すべきであると勧告する。

この「小規模経営投資国家戦略」は、政府がめざす小規模農業の構造転換と矛盾しないことが求められる（第2章2節を参照）。農業に関しては、例えばアフリカの「アフリカ農業総合開発戦略」（CAADP：The Comprehensive Africa Agriculture Development Programme〔注1〕）や、中米の「中米農村地域開発戦略」（ECADERT：Estrategia Centroamericana de Desarrollo Rural Territorial〔注2〕）など、「小規模経営投資国家戦略」は目下、国レベルでの農業・食料保障戦略の計画立案過程の一部をなすものであって、各国それぞれの事情を方向づけるリージョナルな経済的・制度的環境（例えば西アフリカの西アフリカ諸国経済共同体〔ECOWAS〕または南米のメルコスール〔Mercosur〕）を十分考慮すべきである。また、（例えば、ブラジルのシウダダニア地方の例が示すように）政府の強力な政策の方向づけを通じて、領域レベルの幅広い展望の中に農業を位置づけるべきだとする議論もある。しかし、いずれにしろ、われわれが強く勧告するのは、国レベルやリージョナル・レベルで行われる政策論議や政策形成といった公共空間の中に、小規模農業を位置づけることが必要だということである。そして、このような過程では、小規模経営団体から発せられる声が、国際社会から十分支持されることが不可欠である。

〔注1〕 FAO主導のアフリカ農業支援策であり、2003年にアフリカ首脳が集まった「マプト宣言」で策定された開発戦略。農業を重要な開発部門の一つと位置づけ、食糧増産による貧困削減や、農地・水資源の管理、研究成果の技術移転、インフラ整備と市場アクセス拡大の実施を目標にしている。CAADPウェブサイトを参照（http://www.nepad-caadp.net/）。

〔注2〕 コスタリカ主導の下、中米7カ国とドミニカ共和国で導入された農村開発戦略。中米農村部の変革と持続的開発のため、包括的で公平性を重視した参加型公共政策であり、領域（territory）の特性に応じて開発を進めるのが特徴である。狐崎知己「コスタリカにおけるテリトリアル農村開発——政策と理論——」山岡加奈子編『コスタリカ総合研究序説』アジア経済研究所、2012年を参照。

「小規模経営投資国家戦略」は、以下の諸点に基づかなければならない。

・適切かつ適当な政策を方向づける上での重要な一歩は、小規模農業の多様性を理解することである。それは、隠れた状態にある小規模農業を表舞台に出すことであ

り、経営規模という指標だけでこの多様で生産的なセクターの強みと弱みを明確に捉えるのはほぼ不可能に近いという点を認めることである。早急に求められるのは、農村人口の暮らしに役立つ活動全般を視野に入れながら、農業経営の多様性をより適切に立証することである。発展途上国でも先進国でも、こうした農外就業が、小規模経営が農業に留まる上での、さらには投資を行う上での手段になることが多いからである。

そのような認識を得るために必要なことは、小規模経営部門の特性や多様性を適切に理解するのにふさわしい情報システムによって支えられることである。現在の「世界農業センサス」計画に基づく基礎的統計データは、いずれの国でも全国ビジョン策定事業の一環として収集されるべきである。小規模経営の全体像をつかむには、主要な特色に関する根拠が示される必要があろう（複数の所得源や、非貨幣的側面、共有資源へのアクセス条件、さらに小規模経営の生計上の主たる機能）。小規模経営部門を包括的かつ的確に実施するのに必要な農業センサスを国レベルで的確に実施するためには、世界予算の確保が求められる。つまり、小規模経営をよく理解しなければ、適切な政策立案はできないのである。

「小規模経営投資国家戦略」には、農業が組織されるさ

まざまな方法や、現存する農業経営にさまざまなタイプがあることを考慮すべきである。農業経営には、小規模農業から、組織化・統合化された家族農業構造、さらには企業的経営やアグロ・インダストリーまで及んでいるからである。その結果、ブラジルやメキシコなどの国でみられる二極構造や、ベトナムやマリ共和国の例のように一極集中タイプ、あるいはより均質な農業構造が生み出されている（しかし、さらに詳細にみていくと、「一極集中タイプ」にみえる場合ですら、その内部は多様性を帯びていることも少なくない。Jayne, Mather and Mghenyi, 2010を参照）。

国レベルで戦略を決定する際には、トップダウンの中央指令的な過程で行われてはならない。むしろ、地域コミュニティを起点に、領域レベルやその上のレベルを含むあらゆるレベルの組織を内包した多様な利害関係者による取り組みであるべきである。中間的な「領域」レベルに重点をおいているのは、優良地から劣等地までの天然資源の賦存度や、インフラ、社会構造、地理的に異なる集団行動形態を含んだ構造や制度といった多様性を考慮に入れると、このレベルが適切であるとの実践的な認識からきている（Berdegué et al., 2012）。

さまざまな形で投資を行う際に、個々ばらばらで独立した政策として立案・予算化を行うのではなく、全国戦略の中で調整されるならば、投資がよりよい成果と効果をもたらすことが期待されよう。

第2節　新しい政策課題の要素

小規模経営が舞台の中央に立つ「小規模経営投資国家戦略」は、政策提案を練り上げていく際に役立てられるべきである。

政策課題が有効であるためには、小規模経営の状態が多様であることをしっかりとらえ、投資の制約要因が何であるかを、制度や市場、資産の観点から特定しなければならないだろう。その例証は、付録3で示したとおりである。

政策課題を立てるためには、部門をまたがる政策調整があらかじめ必要である。その場合、市場の運営・規制を向上させる上でも、小規模経営が資産を増やしていく可能性を高める上でも、制度のあり方が質量ともに大きな役割を果たさなければならない。制度のあり方は、官民の利害関係者に関係する。しかし、小規模経営の資産水準が停滞していたり、小規模経営が現在直面しているリスクに晒されている場合、制度だけでは何も変わらない可能性がある。そのうえ、制度は、

順調に機能する市場の代替物になるものでは決してない。つまり、制度は市場の規制に役立てることはできるが、目標を達成できるように、市場を機能させることができるのは利害関係者なのである。以下に、資産、市場、制度のカテゴリーに沿った具体的な勧告を行う。ここでの勧告は、小規模農業に対する投資に向けた一般的な方向づけを意図したものであって、さらに各国固有の事情にふさわしいものにしていく必要がある。

1　資産へのアクセスをどう改善するか

小規模経営の食料保障への貢献度を高め、それに関連した多様な財・サービスを供給し続けていくためには、資産基盤（それには物的資本、人的資本、社会資本、貨幣資本そして自然資本を含む）を改善し、個々の能力または集団的な能力（能力向上や集団行動、制度構築を目的とした小規模経営が行っていく社会資本）を強化するような投資を、小規模経営が行っていくことが求められる。まさに、アマルティア・セン (Sen, 2013) が指摘するとおりである。「食料生産を引き上げるさまざまな方法は、それが一国の潜在的飢餓人口へ及ぼす影響という点からすると必ずしも似通ったものではない。食料生産を引き上げる方法だけに焦点を当て、その過程と相関する

第4章 小規模農業―投資のための戦略的アプローチ―

所得や雇用を無関係なものとして扱うならば、たとえそれが農業・食料生産を増大させるという一般的目標を追求するものであっても、権原の生成を見つめる経済的アプローチとくらべて、権原不足に起因する飢餓へのインパクトに対して十分取り組むことはできないだろう」

こうした資産は、個々人の投資だけに関係しているのではない。食料保障と栄養供給において期待どおりの成果を得るには、集団、民間および公的機関による投資も求められる。このような資産へのアクセスを増やすことが、三つの政策軸に沿った勧告、つまり資産へのアクセス、市場の改善、制度改革の中で最優先となるものである。

自然資産

土地その他の自然資産（とくに水）へのアクセスが制限されていることが、小規模農業、とくに女性の投資を最も束縛する制約条件の一つになっている。この制約を解消するには、土地を再配分する農地改革、市場を利用した農地改革、借地制度改革、土地所有権・借地権の不安定性の低減、そして共有財産の資源利用における協同管理の改善、生産システムの型にもよるのだが、林地や漁場を含めて必要である。

政府は、「土地、漁場、林地の保有権に関する責任ある管理についての任意ガイドライン」を発効させることで、小規模経営が土地や天然資源を保有する権利を保証しなければならない。同時に、利用が開放された牧野資源、生物多様性、水、林地、漁場などの共有資源の管理においても、政府は、協同・管理のあり方を改善するために、同ガイドラインに関連した措置を講じなければならない。また、土地や天然資源を女性が利用する権利が広げられ、強化されなければならない。政府は、他国の経験から得られる教訓を活用しながら、農地改革過程を含むさまざまな方策で、土地へのアクセスを改善すべきである。

人的資産

農業における公共財への財政支出が減らされている傾向についても、逆転されるべきである。とくにサハラ砂漠以南アフリカでは、CAADPの指令に基づいて、公共財への投資は、小規模経営で成果をあげてきた国もある。公共財への投資は、小規模経営が自分の所有地や集団レベルで投資を行う力を強め、広げるものである。このような公共財は、人的資本の価値を高めるために必要とされる。ここでは公的支出が不可欠である。例えば、基礎的な公的サービスを小規模経営の家族や個人に利用における全要素の生産性を引き上げるために適切な投資が行われるならば、土地面積が小さくても制約条件にはならない。

与える革新的な方法を開発する上で、たいへん重要であると考えるにしても、国家はその基本的な責任を放棄することはできない。公衆衛生、基礎的公共財の供給（例えば、安全な飲料水、下水設備、電気、教育）、革新的な食材調達計画をともなう学校給食事業のような共同財（例えば、小規模経営の生産力向上のための食料支援「P4P」[注1]）[WFP, 2011]、そして社会的保護措置（例えば、現金給付、労働・職業訓練の対価としての食料支援[注2]、保険や退職給付制度などが、小規模経営の日常生活の福祉（健康や食事改善）を向上させることになり、間接的ではあるが小規模経営の投資に重要な効果をあげる可能性がある。また、すべての小規模経営、とくに女性に対する教育訓練が適切に受けられるよう保証することも求められる。

〔注1〕 P4P（Purchase for Progress）とは、食料の現地調達を通じて小規模経営の市場アクセス改善と農業市場の開発を支援する国連世界食料計画（WFP）の活動の一つである。WFPウェブサイトを参照（http://www.wfp.org/purchase-progress#）。

〔注2〕 労働・職業訓練の対価としての食料支援（Food for Work）とは、地域社会の自立を促すことを目的に、生活する上で必要な社会インフラを整備するプロジェクトに参加したり、職業訓練を受けることに対する見返りとして食料を配給するWFPの活動の一つである。Food for Assets プロジェクトとも称される。WFPウェブサイトを参照（http://www.wfp.org/food-assets#）。

金融資産

金融サービスと銀行システムは、小規模農業にとってより効果的に機能するように、早急に改善する必要がある。世界の小規模経営の大多数は、往々にして極めて高利かつ額が非常に限られたインフォーマルな方法でしか、資本にアクセスできていない。これまでのところ、マイクロファイナンスは、小規模農業への投資を支える手段としては効果的ではないことがわかってきた。こういった事情は、もちろん運転資金も問題ではあるが、とくに中長期の投資に必要な資本に影響をもたらしている。ローン以外の金融サービスも求められるのであって、保険は小規模経営のさらなる投資インセンティブを生み出す上で極めて重要である。金融上のリスクを減らし、リスク分担を可能にし、取引費用の引き下げをもたらすような新たな解決方法が導入されるべきである。そうした新たな解決方法を支えていくには、国家、銀行そして小規模経営団体の間での官民連携がさまざまなレベルで求められる。

長期の低利資金を小規模経営が利用できるような公共政策が導入されるべきである。それによって、地域レベルで水質や栄養素管理を改善したり、また生活の場や農場で植林を支援したりするための資源基盤投資が容易になるだろう。景観

第4章 小規模農業―投資のための戦略的アプローチ―

管理や植林のための投資は、すぐには実を結ばない。同様の勧告は、畜産多角化に対する資金助成にも当てはまる。この場合にも、現金給付や労働・職業訓練の対価としての食料支援などの社会的保護措置が、不況に伴ってローン返済が滞る事態を避ける上で重要である。このような政策手段には、政治的支援をバックにした強力な制度的リーダーシップが要求されるのであって、農村地域に手を差し伸べるには、国レベルの開発銀行、地方銀行そして小規模経営部門の民間・団体組織の調整があって初めてできることである。

2 既存の市場や新規の市場へのアクセスを改善する

小規模経営が市場の失敗から被っている損害は、あまりに大きい。市場は、公的措置がなければ、自己修復することができない。小規模経営は、投入財の購入や生産物の販売において市場が必要であり、金融その他サービスにアクセスする際にも市場が必要である。また、市場は、小規模経営（および官民さまざまな関係者）による小規模経営のための投資のほとんどに融資がなされ、その投資が実現される経路も提供する。したがって、市場を発達させるための支援が必要であり、既存の市場を規制するとともに新規の市場開発を支援する上で、鍵を握るのは政府である。生産力を引き上げ、バ

リューチェーンの市場効率性の改善を通じて競争力を確保すべく、国内市場を一定期間保護するためには、貿易政策と賢明な輸入規制がおそらく必要であろう。

市場の発達を支援する際に政府が理解しておかなければならないのは、市場と競争は共存しており、小規模経営にとって、うまく機能している市場から得られる便益は競争の脅威と不可分だということである。つまり、いずれか一方は他方なしにはありえないのである。しかし、市場がうまく規制され参加者すべてにとって公平であるならば、総合すると、市場が小規模経営セクターにもたらす便益は費用を上回るものになろう。

既存の市場や新規の市場へのアクセスを広げることが、競争力と食料保障の双方にとっての鍵である。小規模農業固有の市場の失敗や、市場アクセスの欠如、地方市場が狭隘であることが、小規模経営への投資が不足するおもな原因であり、その改善の余地は大きい。

現在、小規模経営の大多数は国内市場で取引しており、近い将来もそのような状況が続くことを考慮しなければならない。市場へのアクセスは道路だけでは解決しないのであり、官民双方の主体による多面的で複合的な投資が求められることを認識する必要がある。多くの途上国では、国内市場はたいへん未発達であって、先進国ではまったく不公正で不法と

さえいえるさまざまな行為が依然許容されている。したがって、より健全で、透明で、競争的な国内市場を開発していくための投資が不可欠である。多くの国際開発機関や国内開発機関が、輸出市場やニッチ市場に過大な期待を寄せているが、国内市場の改善や同市場への小規模経営の参加に対する支援を排除するようなリスクがあるならば、注意深く見極めることが求められる。

生産者と消費者が直結したローカル市場ないし地方市場（つまり、生産者から消費者までの流通が短縮された市場）ができるところは、どこでもそれを奨励・強化すべきである。このような動きは、北の国々で新たに生まれつつあるのだが、量的にはまだまだ限られている。また、新興国や途上国でも、例えば農村部の生産者・加工業者と都市部の消費者とが直結した女性団体やそのネットワークの取り組みが報じられている。こうした市場は、公共政策による支援を含めて、高い優先順位が与えられるべきであろう。

消費者需要の変化に応じて生まれる新しい市場の強化は、小規模農業にかなりの機会を与える可能性がある。そのためには、新しいインフラの供給や、適切な規制、生産者組織能力形成が重要である。小規模経営による供給を基礎にした公共調達が、多様な政策目標を達成するための適切かつ正当な手段として機能するだろう。

農家や中小企業レベルでの食品加工、ならびに格付けや選別、包装といった付加価値をつける活動も、小規模経営の生計戦略として強化すべきである。小規模経営の自律性や市場アクセスを改善する力を高められるからである。生産物の長期保存を可能にする加工投資は、市場インフラの不完全性や生産の季節性を克服する一つの方法であり、小規模経営や地方レベルで付加価値を確保する上で重要な仕組みである。

契約農業は、取引業者との長期の関係を構築する一つの方法でありえよう。政府は、一方の小規模経営およびその組織と他方の契約業者との間にある経済的・政治的な力の格差を縮めるべく、必要な規制手段の確立をめざすべきである。

小規模経営組織は、（価格や品質に関して）契約を締結する際、彼らにとって有利で安定した条件・価格が保障される契約ができるように、より強い立場で交渉に臨めるような支援をしっかり受けられるようにすべきである。例えば、品質や規格条件をめぐって取引業者と紛争が起きる場合にとくに、紛争解決に必要な専門知識を小規模経営組織が独自に利用できるようにしなければならない。

政府は、大規模小売流通の中で小規模経営の生産物が公正なシェアを受けられるように商業ルールや規制を、必要な場合には契約を監視すべきである。市場は透明かつ競争的であるべきであって、市場関係者は、不利な立場に立たされることを防止する必要がある。

との多い小規模経営など、すべての生産者との関係において、法律を遵守すべきである。

小規模農業と他の農業形態（企業型、起業家型、大農場など）との間には、まさに種々の相乗効果もありうるとともに、多くの摩擦や矛盾も存在する。摩擦や矛盾が発生した場合には、国は、小規模農業が繁栄・発展できるよう、両者の関係や協働の形を構築できるように介入すべきである。

3 制度をどう強化するか
　——小規模経営組織から公共セクターまで

小規模経営が発展できる領域を効果的に広げるには、公共部門の能力を再建・強化することが求められる。それには、小規模農業のための「小規模経営投資国家戦略」を策定する際の社会的・経済的・政治的過程を監督する能力が含まれる。それはまた、部門間で作業をうまく調整し、大きく転換させ、「縦割り行政」にならないようにすべきである。全国レベルでの食料・栄養安全保障を向上させるには、地方分権や地域開発の各省庁とともに、社会問題や農業、通商産業の各省庁と協働すべきである。

規模の経済や市場の力が欠如しているため、小規模経営だけでは成功はおぼつかない。したがって、組織形態での社会資本や有効な社会的ネットワークも、小規模農業への投資を支える資産の利用を高める際には不可欠な構成要素である。資源の共同管理は、決定的に重要である。数多くの小規模経営が共有資源（土地、水、森林、種子など）の利用に依存しており、先進国や途上国の多くでは、そうした資源がうまく機能するような制度によって管理されている。そうした制度は、国家と公共政策がその存在を完全に承認し、支援する価値があるものなのである。

関係者全体との協働が、小規模農業の発展にとって不可欠である。急速な社会変化の只中で小規模経営の発展がうまくいった国の経験によれば、重要な関係者には、(a)下流の加工業者や卸売業者、小売業者、(b)技術や知識にもとづくサービスの提供者、(c)金融機関、が含まれる。

小規模農業への投資を支援するような、制度的な革新が必要である。ブラジルの「飢餓ゼロ計画」のような（Graziano da Silva, Del Grossi and Galvão de França, 2010）、制度的革新をめぐる最近の展開は、有望な徴候を示している。それらの徴候は、よりよく理解され、小規模農業の不均質な状態に適応し、効果的であることがわかれば拡大する必要がある。制度的な転換に関しては、以下の内容が求められる。

- 小規模経営の政治的発言力が高まること
- 集団行動のための組織
- 土地や財産権へのアクセスの保証

- 小規模農業への投資を支援する公共部門の能力的枠組みの一部となるべきである。つまり、家族全体の福祉の向上を通じた人的資産の強化が、とくに鍵を握っているのである。小規模経営がおかれている状況がゆえに、家族と生産活動のあいだに緊密なつながりがあるがゆえに、人的資産の強化が最も重要なのである。社会的保護は、決して単なる財政支出や負担ではなく、小規模農業が投資できるようにするものだと考えられるべきである。

  土地への権利や個人ないし共有する資源に対する権利——それには、種子、家畜品種、共有地の生物多様性が含まれる——を認め、行使する上で、小規模経営組織は国内的・国際的に重要な役割をもっている。最近の「土地、漁場、林地の保有権に関する責任ある管理についての任意自発的ガイドライン」(CFS, 2012) は、最も弱い立場の小規模経営の利害に沿って、彼らが自分の農業経営に投資できるようにするために十分実行されなければならない。

  全国からローカルに至る部門間の利害調整や、意志決定のさまざまなレベルで多様な関係者を動員する能力が、将来の成果を挙げるための課題であり、鍵を握る要素になる。資産へのアクセスには、金融機関や研究・普及事業との、さらに投入財、種子、機械設備を供給する民間部門との調整が必要

である。物的インフラや、市場情報システム、価格規制、市場関係者の刺激に対する反応、市場政策を語る上では必ずしも適切ではない。とりわけ、現代世界で膨大に広がる飢餓という巨大な課題に取り組む場合、この助言は間違った方向へと導いてしまう。さまざまな多くの事柄に取り組まなければならないのである——しかも同時にである。」

【注】

(43) 領域 (territory) とは、一つの社会集団が占有し、利用している土地区画であり、通常は、政治行政機関に規定されている。領域は、いくつかの地区 (district) または市町村 (municipality) で構成される機能単位であって、そこに住んでいる住民同士の社会経済的な相互交流の密度が高い地域であ

第4章 小規模農業―投資のための戦略的アプローチ―

る。行政単位と一致しないことがかなり多くあり、むしろいくつかの行政単位の機能的な集合体である。一つの領域は、社会的に構築されたアイデンティティを有する農村空間であると定義されてきた。〔この領域レベルで〕食料・栄養保障を改善するための介入を立案・実施していくことは妥当であると考えられる。

付録1　第1章の図の算出に用いた81ヵ国のリスト

アフリカ	アルジェリア、カーボベルデ、コートジボアール、エチオピア、ギニア、レソト、マリ、モロッコ、モザンビーク、ナミビア、レユニオン（フランス）、セネガル、トーゴ
ラテンアメリカ・カリブ海	グアテマラ、ジャマイカ、ニカラグア、パナマ、プエルトリコ（米国）、セントルシア、セントビンセント・グレナディーン諸島、トリニダード・トバゴ、米国、米領バージン諸島（米国）、ブラジル、チリ、コロンビア、エクアドル、フランス領ギアナ（フランス）、ウルグアイ、ベネズエラ
アジア	中国、インド、インドネシア、イラン、ヨルダン、キルギス、ラオス、レバノン、ミャンマー、ネパール、パキスタン、フィリピン、カタール、タイ、トルコ、ベトナム
ヨーロッパ	オーストリア、ベルギー、キプロス、クロアチア、チェコ、デンマーク、エストニア、フィンランド、フランス、グルジア、ドイツ、ギリシャ、ハンガリー、アイルランド、イタリア、ラトビア、リトアニア、ルクセンブルク、マルタ、オランダ、ノルウェー、ポーランド、ポルトガル、ルーマニア、セルビア、スロバキア、スペイン、スウェーデン、イギリス
太平洋	米領サモア（米国）、クック諸島（ニュージーランド）、グアム（米国）、ニュージーランド、北マリアナ諸島（米国）、サモア

付録2　図8で用いられた各国の略語

アルゼンチン	ARG
アゼルバイジャン	AZE
ブラジル	BRA
中華人民共和国	CHN
エジプト	EGY
エチオピア	ETH
ガーナ	GHA
インド	IND
マレーシア	MYS
メキシコ	MEX
ナイジェリア	NGA
フィリピン	PHL
トルコ	TUR
ウガンダ	UGA

付録3　世帯レベルの食料保障に影響を及ぼすさまざまな要素に取り組む際に、活用できる政策手段の事例

範疇	公共投資・政策	民間投資	小規模経営の世帯・生計戦略・プログラムにおいて期待される成果
国家戦略と政治的決意	小規模経営国家投資戦略：国家戦略の策定における参画プロセス	民間部門の継続的参加	より適正で有効な戦略・プログラム・政策パッケージの役割についての認識および政策パッケージの明確化
	市民権ならびにその他の諸権利：個人・組織の法的環境／個人ならびにグループレベル（草の根からトップリーダーまで）での小規模農業者組織の能力形成		公共財へのアクセスに対する社会的・政治的承認、その政治的意思の形成／小規模経営の地位向上／女性、若者、少数社会集団の地位向上
食料への権利の実現	食料自給や多角化に向けた支援サービス（信用、技術指導、投入財へのアクセス）／個人ならびに共同運営の菜園・果樹園／学校給食や母親の栄養強化のための社会的保護プログラム／幼児期開発プログラム／地元産食料の調達計画促進の教育投資	民間の生産サービスの開発	自給力の向上と栄養改善（質量両面で）／地場食品や資源基盤を評価し、経済成長や持続可能な生活、人間の健康・栄養供給において地場食品の価値を評価すること
自然財へのアクセスの獲得	農地へのアクセスを高める農地改革／共有財産等の所有権を保証する政策／自然資源基盤の改善による経営の弾力性と生産力向上のための公共事業計画（水管理、棚田整備）	土地保有に関する任意ガイドラインをもとに、小規模経営視点の政府規制に支えられた民間投資の可能性	食料保障の改善。自然資源基盤の改良による生産性の向上／労働生産性の向上／労働福祉の改善（現金、現物、クーポン券など）
良好な投資環境の提供	公共財へのアクセス／教育（食料保障と栄養供給を対象とする基本プログラムと特定プログラム）／地場労働力による基盤インフラ整備（水、衛生、医療センター等）／社会年金／学校給食プログラム	共同社会財を支える民間基金、再生可能エネルギー、医療センターなど	家族福祉の改善（健康と栄養）／労働生産性の向上／教育および若者支援プログラムを通じた農業生態学についての知識の向上

分野	項目	内容	アウトカム
良好な投資環境の提供	市場へのアクセス	輸送と市場インフラ／市場情報システム／協同組合・共同行動に対する支援メカニズム／契約農業への規制措置／公共食料調達計画（学校、病院、公共給食）／貿易政策、価格政策、適切な補助金	市場主体の効率性改善に向けた投資／投入財（種子、肥料等）や（小規模農業に適した）機械設備の利用を高めるための民間経済主体への支援／市場情報利用のためのサービス供給開発／民間の食料調達計画（給食配達）	市場機会の増大（条件付きもしくは無条件）現金給付プログラム／価格乱高下の抑制／安定的で公正な契約の取り決め／生産的資産の利用増大／所得向上（とそれを通じた食料保障）
	金融サービスへのアクセス	金融機関と小規模経営との再結合のための規制・奨励政策	携帯電話で行える送金への投資／小規模経営組織の管理に参加する貯蓄・貸付サービスの開発／補助金を通じた投資への支援／穀物備蓄と倉庫証券システム／親族間貯蓄と食品加工業者に対する信用システム	金融サービス・金融資産へのアクセスの改善／生産的資産の利用増大
生産性の向上	研究と普及を通じた生産性の向上	小規模経営のニーズに対応し、農業・食料保障・栄養供給戦略と連携した研究プログラム／自由に種子生産を行う権利に対する支援	農家のための農業実践学校／小規模経営組織を含む参加型研究プログラム／小規模経営にとっての経営能力養成に必要な技術・経営能力養成に対する企業の投資	知識、技術、生産的資産へのアクセス改善／小規模経営にとっての投資機会の増大
	所得源の多様化	農村部での民間投資を誘導する公共政策／食料保障・栄養供給戦略と連携した研究プログラム／教育／職業訓練	農業実践への投資	所得機会の増大と所得源の多様化
農外への投資：農村の農外経済部門と地域開発		分権化プロセス／行政区域を越えた投資戦略の調整／文化教養への投資		
小規模農業のデータ更新と改善		投資戦略を支えるデータ作成の強化		より的確な投資

付録4　HLPE のプロジェクト・サイクル

　HLPE は、2009 年に、世界食料保障委員会（CFS）の改革の一環として創設された。HLPE では、食料保障・栄養供給の現状分析とその背景にある原因についての評価・分析が行われる。また、既存の質の高い研究を利用しながら、政策に関わる問題に対して、科学的知見をふまえた分析・助言が行われる。さらに、新たな課題を特定し、焦点となる領域についてメンバーが将来行動・留意する際の優先順位を決める際に役立つような支援が行われる。

　CFS の要請を受けて、HLPE は報告書を提出することになる。HLPE は、政府からは独立した立場で報告・提言・助言を行い、CFS に対して議論の素材を提供し、包括的な分析・助言が行えるように活動する。

　HLPE は、二層構造になっている。
- 食料保障・栄養供給に関わるさまざまなフィールドに携わる、国際的に認められた 15 名の専門家で構成する運営委員会。委員は、CFS 事務局によって任命される。HLPE 運営委員会のメンバーは、各国政府や機関・組織の代表としてではなく、個人の資格で参加する。
- 具体的なプロジェクトに基づいて活動を行うプロジェクト・チーム。運営委員会によって選抜・運営され、具体的な問題について分析・報告を行う。

　HLPE はあらゆる知見に対する透明性・開放性と同時に、プロセスの科学的正当性や信頼性を確かなものにするため、CFS によって承認されたきわめて具体的なルールに沿って活動を行う。

　報告書は、期限付きでテーマを限定したプロジェクト・チームによって作成される。チームは運営委員会によって選抜・任命され、運営委員会の指示・監督に従って活動する。

　報告のプロジェクト・サイクルは、時間的な制約がたいへん大きいなか、明確に区切られた段階で構成されている。各段階は、CFS による政治的課題・要請の検討、運営委員会による政治的課題・要請の科学的策定、プロジェクトチームによる期限付き・テーマ限定の作業、知見を広げるための外部公開会議、外部による科学的審査に区分される（図13 を参照）。

　この過程では、運営委員会とプロジェクト・チームとの間での科学的論議や、HLPE 登録メンバーの専門家ならびに世界中の興味・関心ある知識人の科学的論議を、プロジェクト・サイクルを通して促進し、科学的視点の多様な関わりを広げるようにしている。

　これは、HLPE が外部者との協議を、報告につき2 度設けている理由である。1 度目は、研究の範囲に際して、2 度目は、第1 草稿（VO）に際してである。これによって、あらゆる利害関係者のみならず、関心あるすべての専門家や HLPE に登録されている専門家（現在は 1200 名）が、科学的知見の入力プロセスに参加する機会が生まれることになる。社会的な知見を含め、入力された知見は、プロジェクト・チームによって検討され、知的基盤を豊かにすることになる。

　提出された報告書の草稿は、独立した立場で科学的根拠に基づいて審査される。そして、報告書の最終決定・議論がなされた後、対面で行われる運営委員会の場で承認される。

　運営委員会で承認された報告書は、CFS に提出されるとともに、一般にも公表される。同書は、CFS での議論や論議に資することになる。

　HLPE についての全情報やプロセス、既刊報告書は、HLPE ウェブサイトで入手することができる（www.fao.org/cfs/cfs-hlpe）。

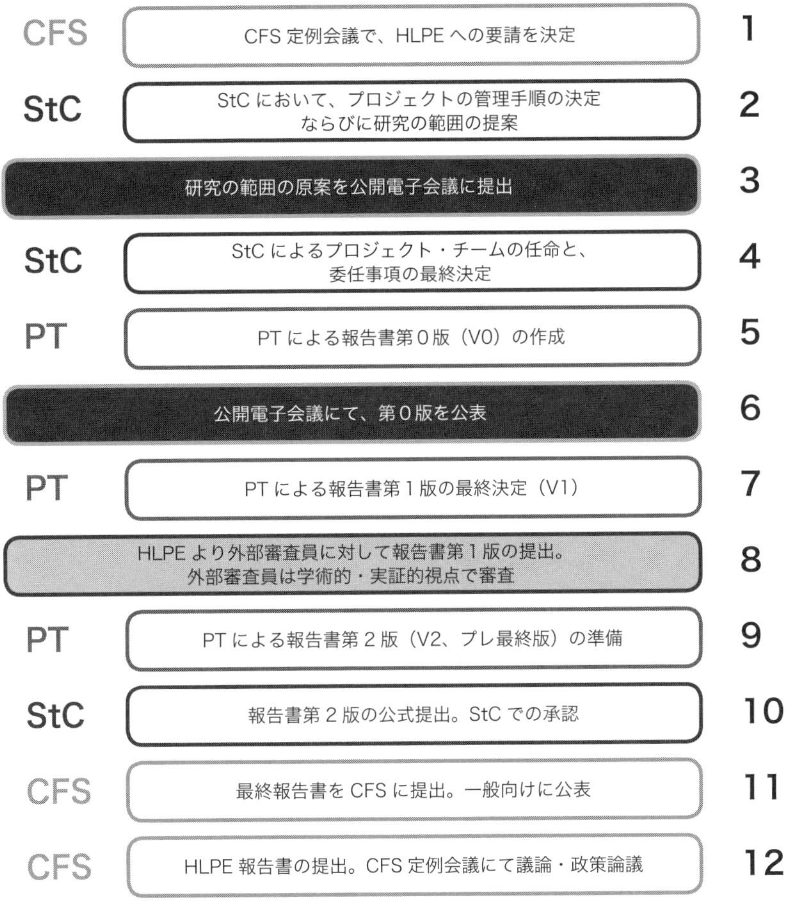

CFS	CFS 定例会議で、HLPE への要請を決定	1
StC	StC において、プロジェクトの管理手順の決定ならびに研究の範囲の提案	2
	研究の範囲の原案を公開電子会議に提出	3
StC	StC によるプロジェクト・チームの任命と、委任事項の最終決定	4
PT	PT による報告書第0版（V0）の作成	5
	公開電子会議にて、第0版を公表	6
PT	PT による報告書第1版の最終決定（V1）	7
	HLPE より外部審査員に対して報告書第1版の提出。外部審査員は学術的・実証的視点で審査	8
PT	PT による報告書第2版（V2、プレ最終版）の準備	9
StC	報告書第2版の公式提出。StC での承認	10
CFS	最終報告書を CFS に提出。一般向けに公表	11
CFS	HLPE 報告書の提出。CFS 定例会議にて議論・政策論議	12

図 13　HLPE のプロジェクト・サイクル

注：CFS　世界食料保障委員会
　　HLPE　食料保障・栄養に関する専門家ハイレベル・パネル
　　StC　HLPE 運営委員会
　　PT　HLPE プロジェクト・チーム

出所：HLPE, 2012.

Van Mele, P., Bentley, J.W. & Guéi, R.G. (eds), 2011. African Seed Enterprises: Sowing the Seeds of Food Security. CAB International, Wallingford, UK, 256 pp, (available at http://www.fao.org/docrep/015/i1853e/i1853e.pdf).

Van Rooyen, C., Stewart, R. & De Wet, T. 2012. The impact of microfinance in sub-Saharan Africa: a systematic review of the evidence. World Development, 40 (11): 2249–2262.

Vellema, S. 2002. Making contract farming work?: Society and technonogy in Philippine transnational agribusiness. Maastricht, Netherlands, Shaker Publishing.

Vera Delgado, J. 2011. The ethno-politics of water security: contestations of ethnicity and gender in strategies to control water in the Andes of Peru. Wageningen, Netherlands, Wageningen University.

Vieira Filho, J. 2012. Radiografia produtiva e tecnológica da agricultura familiar no Brasil. Nota Técnica IPEA.

von Braun, J., Hotchkiss, D. & Immink, M. 1989. Nontraditional export crops in Guatemala: effects on production, income and nutrition. Washington, DC, International Food Policy Research Institute, Research Report No. 73.

Wang, H., Dong, X., Rozelle, S., Huang, J. & Reardon, T. 2009. Producing and procuring horticultural crops with Chinese characteristics: the case of Northern China. World Development, 37(11): 1791–1801. doi:http://dx.doi.org/10.1016/j.worlddev.2008.08.030

Warr, P. 2005. Roads and poverty in rural Laos. Australian National University.

WFP. 2011, WFP Purchase for Progress Implementation at mid-point. Annual review 2011, IFAD, 2011 at http://documents.wfp.org/stellent/groups/public/documents/reports/wfp250869.pdf

White, B. 2012. Agriculture and the generation problem: rural youth, employment and the future of farming. IDS Bulletin, 43(6): 9–19. doi:10.1111/j.1759-5436.2012.00375.x

Wiggins, S. & Hazell, P. 2011. Access to rural non-farm employment and enterprise development. Background Paper for the IFAD Rural Poverty Report 2011. 59 p.

Wiggins, S., Kirsten, J. & Llambí, L. 2010. The future of small farms. World Development, 38(10): 1341–1348. doi:10.1016/j.worlddev.2009.06.013

Wise, T. A. 2005. Understanding the Farm Problem: Six Common Errors in Presenting Farm Statistics. GDAE Working Paper(05–02).

World Bank. 2007. Agriculture for development. World Development Report 2008. Washington, DC. (World Bank 2007；田村勝省訳『世界開発報告〈2008〉—開発のための農業—』一灯舎、2008年)

World Bank. 2009. Gender in agriculture. Sourcebook. World Bank/IFAD/FAO. 792 p.

World Bank. 2012. World Bank investments in building the capacity of rural producer organizations: findings and recommendations. Washington, DC.

Ye, J., Rao, J. & Wu, H. 2010. Crossing the river by feeling the stones: rural development in China. Rivista di economia agraria, LXV(2): 261–294.

Zachariasse, L.C. 1979. Boer en bedrijfsresultaat na 8 jaar ontwikkeling, 3.86. The Hague.

Zhang, J., Zhang, L., Rozelle, S. & Boucher, S. 2006. Self-employment with Chinese characteristics: the forgotten engine of rural China's growth.Contemporary Economic Policy, 24(3): 446–458. doi:10.1093/cep/byj034

Zhang, X., Fan, S., Zhang, L. & Huang, J. 2004. Local governance and public goods provision in rural China Journal of Public Economics, 88: 2857–2871.

Zijlstra, J., Everdingen, W.H. v., Jager, J.H., Kooistra, S. & van Riel J.W. 2012. Implications of expansion on financial results of dairy farms in the Netherlands and the EU. Report Part I of the Project: Expansion with financial return. Lelystad, Wageningen UR Livestock Research 606. 55 p.

Zongzhang, L. & Xiaomin, L. 2009. The effect of rural infrastructure development on agricultural production technical efficiency: evidence from the data of second national agricultural census of China. Beijing. 19 p.

Swaminathan, M.S. 2011. The Women Farmers' Entitlements Bill. Private Member's Bill. India, 2011.
Tadele, T., Kanampiu, F., De Groote H., Hellin, J., Mugo, S., Kimenju, S., Beyene, Y., Boddupalli, P. M., Shiferaw, B., Banziger, M. 2011. The metal silo: An effective grain storage technology for reducing post-harvest insect and pathogen losses in maize while improving smallholder farmers' food security in developing countries Crop Protection, Volume 30, Issue 3, Pages 240–245.
Tchayanov, A.V. 1925 [1990]. L'organisation de l'économie paysanne. Paris, Librairie du Regard.
（Tchayanov 1925；磯辺秀俊・杉野忠夫共訳『小農経済の原理』大明堂、1957年）
Thomas, D., Zerbini, E., Parthasarathy Rao, P. & Vaidyanathan, A. 2002. Increasing animal productivity on small mixed farms in South Asia: a systems perspective. Agricultural Systems, 71(1–2): 41–57. doi:http://dx.doi.org/10.1016/S0308-521X(01)00035-X
Thompson, J., Amdissa Teshome, A., Hughes, D., Chirwa, E. & Omiti, J. 2009. The seven habits of highly effective farmers' organisations. Future Agricultures Consortium.
Timmer, C.P. 1988. The agricultural transformation. In H. Chenery & T.N. Srinivasan, eds. Handbook of development economics, pp. 275-331. Elsevier Science Publisher.
Timmer, C.P. 2000. The macro dimensions of food security: economic growth, equitable distribution, and food price stability. Food Policy, 25: 283–95. doi:10.1016/S0306-9192(00)00007-5
Tittonell, P., Muriuki, A., Shepherd, K.D., Mugendi, D., Kaizzi, K.C., Okeyo, J., Verchot, L., Coe, R. & Vanlauwe, B. 2010. The diversity of rural livelihoods and their influence on soil fertility in agricultural systems of East Africa – a typology of smallholder farms. Agricultural Systems, 103(2): 83–97. doi:10.1016/j.agsy.2009.10.001
Tittonell, P., Scopel, E., Andrieu, N., Posthumus, H., Mapfumo, P., Corbeels, M., van Halsema, G.E., Lahmar, R., Lugandu, S., Rakotoarisoa, J., Mtambanengwe, F., Pound, B., Chikowo, R., Naudin, K., Triomphe, B. & Mkomwa, S. 2012. Agroecology-based aggradation-conservation agriculture (ABACO): targeting innovations to combat soil degradation and food insecurity in semi-arid Africa. Field Crops Research, 132: 168–174. doi:10.1016/j.fcr.2011.12.011
Tittonell, P., Vanlauwe, B., de Ridder, N. & Giller, K.E. 2007. Heterogeneity of crop productivity and resource use efficiency within smallholder Kenyan farms: soil fertility gradients or management intensity gradients? Agricultural Systems, 94(2): 376–390. doi:10.1016/j.agsy.2006.10.012
Tschirley, D.L., Poulton, C., Gergely, N., Labaste, P., Baffes, J., Boughton, D. & Estur, G. 2010. Institutional diversity and performance in African cotton sectors. Development Policy Review, 28(3): 295–323.
Tsurumi, Y. 1982. Banana and Japanese: between Philippines' farms and Japanese tables. Iwanami-Shoten (in Japanese). （Tsurumi 1982；鶴見良行『バナナと日本人―フィリピン農園と食卓のあいだ―』岩波書店、1982年）
UN. 2008. The Millennium Development Goals Report 2008. New York, USA. 56 p.
UN. 2012. World urbanization prospects. The 2011 revision. Highlights. New York, USA, UN Department of Economic and Social Affairs.
UN Women/FAO/ IFAD/ WFP. 2011. Report of the expert group meeting on Enabling rural women's economic empowerment, Accra, 20–23 Sept 2011, (available at http://www.un.org/womenwatch/daw/csw/csw56/egm/Report_EGM_RW_FINAL.pdf).
UNIDO. 2010. Report on the High-Level Conference on Development of Agribusiness and Agro-Industries in Africa (HLCD-3A), Abuja, Nigeria.
USDA. 1998. A time to act. Washington, DC, National Commission on Small Farms.
USDA. 2007. Farm numbers. Washington, DC, National Agricultural Statistics Service.
UNDESA (United Nations, Department of Economic and Social Affairs). 2011. World Urbanization Prospects, the 2011 Revision, (available at http://esa.un.org/unpd/wup/index.html).
van der Ploeg, J.D., van der. 2006. El futuro robado. Lima, Instituto de Estudios Peruanos.
van der Ploeg, J.D. v.d. 2008. The new peasantries: struggle for autonomy and sustainability in an era of empire and globalization. Sterling, USA, Earthscan. 356 p.
van der Ploeg, J.D., Schneider, S. & Jingzhong, Y. 2012. Rural development through the construction of new, nested markets: comparative perspectives from China, Brazil and the European Union. Journal of Peasant Studies, 39 (1): 133–173.

Reij, C., Tappan, G. & Belemvire, A. 2005. Changing land management practices and vegetation on the Central Plateau of Burkina Faso (1968–2002). Journal of Arid Environments, 63(3): 642–659. doi:10.1016/j.jaridenv.2005.03.010

Rochette, R.M. 1989. Le Sahel en lutte contre la désertification : leçons d'expériences. Berlin, GTZ.

Rondot, P. & Collion, M.-H. 1999. Organisations paysannes. Leur contribution au renforcement des capacités rurales et à la réduction de la pauvreté. Compte rendu des travaux. Washington, DC, Department of Rural Development, World Bank.

Sabates-Wheeler, R., Devereux, S. & Guenther, B. 2009. Building synergies between social protection and smallholder agricultural policies. Future Agricultures. 16 p.

Sadoulet, E., de Janvry, A. & Davis, B. 2001. Cash transfer programs with income multipliers: PROCAMPO in Mexico. World Development, 29(6): 1043–1056. doi:10.1016/s0305-750x(01)00018-3

Safiliou-Rothschild, C. & de Rooij, S. 2002. Causes and mechanism of social exclusion smallholders: exclusion and integration dynamics in European agriculture. Brussels, Directorate General Science, Research and Development, European Commission.

Sanginga, N., Dashiell, K.E., Diels, J., Vanlauwe, B., Lyasse, O., Carsky, R.J., Tarawali, S., Asafo-Adjei, B., Menkir, A., Schulz, S., Singh, B.B., Chikoye, D., Keatinge, D. & Ortiz, R. 2003. Sustainable resource management coupled to resilient germplasm to provide new intensive cereal–grain–legume–livestock systems in the dry savanna. Agriculture, Ecosystems & Environment, 100(2–3): 305–314. doi:10.1016/s0167-8809(03)00188-9

Sanginga, P., Waters-Bayer, A., Kaaria, S., Njuki, J. & Wettasinha, C. 2012. Innovation Africa: enriching farmers' livelihoods. London, Routledge.

Schejtman, A. 2008. Alcances sobre la agricultura familiar en América Latina. Santiago, Rimisp - Latin American Center for Rural Development.

Schneider, S., Shiki, S. & Belik, W. 2010. Rural development in Brazil: overcoming inequalities and building new markets. Rivista di economia agraria, LXV(2): 225–260.

Schultz T.W. 1964. Transforming traditional agriculture. New Haven, USA, Yale University Press.

Scoones, I. 1998. Sustainable rural livelihoods. A framework for analysis. IDS Working Paper 72. Brighton, UK, Institute of Development Studies. 22 p.

Scoones, I. 2009. Livelihoods perspectives and rural development. Journal of Peasant Studies, 36(1): 171–196.

Sekine, K. & Hisano, S. 2009. Agribusiness Involvement in local agriculture as a 'white knight'? A case study of Dole Japan's fresh vegetable business. International Journal of Sociology of Agriculture and Food, 16(2): 70–89.

Sen, A. K. 1985. Commodities and Capabilities. Oxford: Oxford University Press.（Sen 1985；鈴村興太郎訳『福祉の経済学―財と潜在能力―』岩波書店、1988 年）

Sen, A. 2013. Thirty-eighth Mc Dougall Memorial Lecture. Thirty-eighth Session, 15–22 June 2013, (available at http://www.fao.org/docrep/meeting/028/mg856e.pdf).

Stoop, W. 2011. The scientific case for system of rice intensification and its relevance for sustainable crop intensification. International Journal of Agricultural Sustainability, 9(3): 443–455.

Suárez, S.M. Osorio, L.M. & Langford, M. 2009. Voluntary guidelines for good governance in land and natural resource tenure: civil society perspective. FAO Land Tenure Paper 8, FAO. Rome, (available at ftp://ftp.fao.org/docrep/fao/011/ak280e/ak280e00.pdf).

Subramanyam, S., Keatinge, J.D.H. & d'Arros Hughe J. 2009. The mungbean transformation. diversifying crops, defeating malnutrition. Washington, DC, IFPRI.

Suzuki, K., Kanameda, M., Ogawa, T., Nguyen, T.T.D., Dang, T.T.S., Luu, Q.H. & Pfeiffer, D.U. 2006. Productivity and socio-economic profile of dairy cattle farmers amongst rural smallholder communities in northern Vietnam. Livestock Science, 101(1–3): 242–250. doi:http://dx.doi.org/10.1016/j.livprodsci.2005.11.015

Swaminathan, M.S. 2010. Conversation: Smallholder Agriculture and Biodiversity October 14, 2010. The world food prize 2010. Norman E. Borlaug International Symposium. "Take it to the Farmer": Reaching the World's Smallholders. October 13-15, 2010 - Des Moines, Iowa. Available at: http://www.worldfoodprize.org/documents/filelibrary/documents/borlaugdialogue2010_/2010transcripts/2010_Borlaug_Dialogue_Biodiversity_A53DC8DF48A4E.pdf

Ostrom, E. 1990. Governing the commons. The evolution of institutions for collective action. New York, USA, Cambridge University Press. 280 p.

Ostrom, E. 1992. Crafting institutions for self-governing irrigation systems. San Francisco, USA, Institute for Contemporary Studies.

Ostrom, E. 1993. Design principles in long-enduring irrigation institutions. Water Resources Research, 29(7): 1907–1912.

Parker, G. 2005. Sustainable food? Teikei, co-operatives and food citizenship in Japan and UK. Working Papers in Real Estate & Planning 11/05. Reading, UK, University of Reading Business School.

Perrier-Cornet, P. 2009. Les systèmes agroalimentaires localisés sont-ils ancrés localement ? Un bilan de la littérature contemporaine sur les Syal. In F. Aubet, V. Piveteau & B. Schmitt, Coords. Politiques agricoles et territoires. Versailles, France, Quae.

Perrier-Cornet, P. & Aubert, M. 2009. Is there a future for small farms in developed countries? Evidence from the French case. Paper prepared for the 111 EAAE-IAAE Seminar: Small farms: decline or persistence, 26–27 June 2009. Canterbury, UK, University of Kent.

Pimentel, D. 2009a. Energy inputs in food crops production in developing and developed nations. Energy 2: 1–24. doi:doi:10.3390/en20100001

Pimentel, D. 2009b. Reducing energy inputs in the agricultural production system. Monthly Review, 61(03).

Polanyi, K. 1944. The Great Transformation. Rinehart, New York.（Polanyi 1944；野口建彦・栖原学訳『「新訳」大転換—市場社会の形成と崩壊—』東洋経済新報社、2009 年）

Proctor, F. & Lucchesi, V. 2012. Small-scale farming and youth in an era of rapid rural change. London, IIED.

Rabobank Group. 2012a. Cooperatives and rural financial development: great opportunities and surmountable difficulties. Utrecht, Netherlands.

Rabobank Group. 2012b. Co-operatives: a key for smallholder inclusion into value chains, a framework for an inclusive food strategy. Utrecht, Netherlands.

Rakotoarisoa, M.A., Iafrate, M. & Paschali, M. 2011. Why has Africa become a net food importer? Explaining Africa agricultural and food trade deficits. Rome, FAO.

Ram, R. & Schultz, T.W. 1979. Life span, health, savings, and productivity. Economic Development and Cultural Change, 27(3): 399–421 (available at http://www.journals.uchicago.edu/EDCC/home.html).

Rao, N. 2008. Good women do not inherit land: Politics of Land and Gender in India, Social Science Press, New Delhi.

Rao, N. 2011. Women's access to land: An Asian perspective, Expert Paper 3, UN Women. (available at http://www.un.org/womenwatch/daw/csw/csw56/egm/Rao-EP-3-EGM-RW-30Sep-2011.pdf).

Razavi, S. eds. 2003. Agrarian Change, Gender and Land Rights. UNRISD, Blackwell Publishing. Oxford.

RCI. 2004. Recensement national de l'agriculture 2001 Côte d'Ivoire. 104 p.

Reardon, T. & Vosti, S.A. 1995. Links between rural poverty and the environment in developing countries: Asset categories and investment poverty, World Development, 23 (9), 1495–506.

Reardon, T., Barrett, C.B., Berdegué, J.A. & Swinnen, J.F.M. 2009. Agrifood industry transformation and small farmers in developing countries. World Development, 37(11): 1717–1727. doi:http://dx.doi.org/10.1016/j.worlddev.2008.08.023

Reardon, T., Berdegue, J.A., Echanove, F., Cook, R., Tucker, N., Martınez, A., Medina, R., Aguirre, M., Hernández, R. & Balsevich, F. 2007. Supermarkets and horticultural development in Mexico: synthesis of findings and recommendations to USAID and GOM. Report submitted to USAID/Mexico and USDA/Washington.

Reboul, C. 1989. Monsieur le capital et madame la terre. Fertilité agronomique et fertilité économique. Paris, NRA-EDI.

Reij, C. & Steeds, D. 2003. Success stories in Africa's drylands: supporting advocates and answering skeptics. Amsterdam, Vrije Universiteit Amsterdam, CIS/Centre for International Cooperation.

Masset, E., Haddad, L., **Cornelius, A. & Isaza-Castro, J.** 2011. A systematic review of agricultural interventions that aim to improve nutritional status of children. London, Social Science Research Unit, Institute of Education, University of London.
Mayaud, J.-L. 1999. La petite exploitation rurale triomphante. France, XIXe siècle. Paris, Belin. 278 p.
Mazoyer, M. & Roudart, L. 2002. Histoire des agricultures du monde. Du néolithique à la crise contemporaine. Paris, Seuil. 534 p.
McCullough, E.B., Pingali, P. & Stamoulis, K. 2008. The transformation of agri-food systems. Globalization, supply chains and smallholder farms. Rome, FAO, and London, Earthscan. 381 p.
MDA. 2010. Agricultura familiar. Brasília.134 p.
Mercoiret, M.-R. 2006. Les organisations paysannes et les politiques agricoles. Afrique contemporaine, 217: 135–157. doi:10.3917/afco.217.0135
Milicevic, X., Berdegue, J. & Reardon, T. 1998. Linkage impacts of farming with agroindustrial contracts: the case of tomatoes in Chile. Santiago, FAO.
Mincyte, D. (2011), Subsistence and Sustainability in Post-industrial Europe: The Politics of Smallscale Farming in Europeanising Lithuania, Sociologia Ruralis, 51 (2), 101–18.
Minten, B., Randrianarison, L. & Swinnen, J.F.M. 2009. Global retail chains and poor farmers: evidence from Madagascar. World Development, 37(11): 1728–1741. doi:10.1016/j.worlddev.2008.08.024
Misiko, M., Tittonell, P., Ramisch, J.J., Richards, P. & Giller, K.E. 2008. Integrating new soybean varieties for soil fertility management in smallholder systems through participatory research: lessons from western Kenya. Agricultural Systems, 9 (1–2): 1–12. doi:10.1016/j.agsy.2007.10.002
Miyata S., Minot N. & Hu D. 2009. Impact of contract farming on income: linking small farmers, packers, and supermarkets in China. World Development, 37(11): 1781–1790. doi:10.1016/j.worlddev.2008.08.025
Mohapatra, S., Rozelle S. & Goodhue R. 2007. The rise of self-employment in rural China: development or distress? World Development, 35(1): 163–181. doi:10.1016/j.worlddev.2006.09.007
Monsalve Suárez, S., Marquez Osorio, L., Langford, M., FIAN International, Hakijami (Economic and Social Rights Centre). 2009. Voluntary guidelines for good governance in land and natural resource tenure. Civil society perspectives. Land Tenure Working Paper 8. FAO, January 2009.
Muchnik, J. & Treillon, R. 1990. Le sucre en Inde: systèmes techniques et innovations endogènes. Technique et Culture, 14.
Murthy, S.R.S. 2010. Economics of sugarcane production and processing. Occasional Paper 54. Mumbai, India, National Bank of Agriculture and Rural Development, Department of Economic Analysis and Research.
Mrunalini, A. & Snehalatha, Ch. 2010. Drudgery Experiences of Gender in Crop Production Activities. J Agri Sci, 1(1): 49–51.
Nagayets, O. 2005. Small farms: current status and key trends. Paper prepared for the Future of Small Farms Research Workshop, 26–29 June 2005. Wye, UK, Wye College.
Netting, R. 1993. Smallholders, householders: farming families and the ecology of intensive, sustainable agriculture. Palo Alto, USA, Stanford University Press.
Neven, D., Odera, M.M., Reardon, T. & Wang, H. 2009. Kenyan supermarkets, emerging middle-class horticultural farmers, and employment impacts on the rural poor. World Development, 37(11): 1802–1811. doi:http://dx.doi.org/10.1016/j.worlddev.2008.08.026
Njeumi, F. & Rossiter, P. 2012. Position paper on how the 37th conference resolution on rinderpest can be applied for the global strategy for integrated control of PPR (forthcoming)
Nweke, F., Lynam, J.K. & Spencer, D.S.C. 2002. The cassava transformation: Africa's best-kept secret. East Lansing, USA, Michigan State University Press.
Nweke, F.I. 2009. Controlling cassava mosaic virus and cassava mealybug in sub-Saharan Africa. Washington, DC, IFPRI.
Oakerson, R.J. 1992. Analyzing the commons : a framework. In D.W. Bromley, ed. Making the commons work.Theory, practice and policy, pp. 41–59. San Francisco, USA, Institute for Contemporary Studies.
OECD. 2009. Managing risks in agriculture: a holistic approach. Paris, OECD.

http://www.environmentmagazine.org/Archives/Back%20Issues/2013/March-April%202013/melting-pot-full.html.
Kwigizile, E., Chilongola, J. & Msuya, J. 2011. The impacy of road accessibility of rural villages on recognization of poverty reduction opportunities. African Journal of Marketing Management, 3(2): 22–31.
Kydd, J. & Dorward, A. 2004. Implications of market and coordination failures for rural development in least developed countries. Journal of International Development, 16(7): 951–970. doi:10.1002/jid.1157
Lahmar, R., Bationo, B.A., Dan Lamso, N., Guéro, Y. & Tittonell, P. 2012. Tailoring conservation agriculture technologies to West Africa semi-arid zones: building on traditional local practices for soil restoration. Field Crops Research, 132: 158–167. doi:10.1016/j.fcr.2011.09.013
Larson, D.F., Otsuka, K., Matsumoto, T. & Kilic, T. 2012. Should African rural development strategies depend on smallholder farms? An exploration of the inverse productivity hypothesis. Washington, DC. World Bank.
Laurent, C., Cartier, C., Fabre, C., Mundler, P., Ponchelet, D. & Rémy, J. 1998. L'activité agricole des ménages ruraux et la cohésion économique et sociale. Economie Rurale, 244: 12–21.
Laurent, C. & Rémy, J. 1998. Agricultural holdings: hindsight and foresight. Etud. Rech. Syst. Agraires Dév., 31: 415–430.
Lavigne Delville, P. 1998. Sécurité foncière et intensification. In P. Lavigne Delville, ed. Quelles politiques foncières pour l'Afrique rurale ? pp. 264– 292. Paris, France, Karthala et Coopération française.
Levinson, J. 2011. Nutrition and food security impacts of agriculture projects. A review of experience. Washington, DC, USAID.
Lipper, L., Anderson, L. & Dalton, T. 2010. Seed Trade in rural markets, implications for crop diversity and agricultural development. FAO. Rome.
Lipper, L. & Neves, N. 2011. Payments for environmental services: what role in sustainable agriculture development? ESA Working Paper No. 11-20. FAO (available at http://www.fao.org/docrep/015/an456e/an456e00.pdf).
Lipton, M. 2005. The family farm in a globalizing world: the role of crop science in alleviating poverty. Washington, D.C (available at http://www.ifpri.org/sites/default/files/publications/vp40.pdf).
Lipton, M. & de Kadt, E. 1988. Agriculture-health linkages. WHO Offset Publication 104.
Little, D. 1989. Understanding peasant China: case studies in the philosophy of social science. New Haven, USA, Yale University Press. 317 p.
Little, D. & Watts, M.J. 1994. Living under contract: contract farming and agrarian transformation in sub-Saharan Africa. Madison, USA, University of Wisconsin.
Livingston, G., Schonberger, S. & Delaney, S. 2011. Sub-Saharan Africa: the state of smallholders in agriculture. Rome, IFAD. 36 p.
Losch, B., Fréguin-Gresh, S. & White, E. 2012. Structural transformation and rural change revisited: challenges for late developing countries in a globalizing world. Washington DC, World Bank, African Development Forum Series. 277 p.
Lundy, M. 2007. New forms of collective action by small scale growers. Input paper for the 2008 World Development Report. Santiago, Rimisp-Latin American Center for Rural Development.
MA (Millennium Ecosystem Assessment). 2005. Ecosystems and human well-being: biodiversity synthesis. Washington, DC, World Resources Institute.
MAAF. 2012. Prix et coûts dans l'agro-alimentaire. Nouvelles études : comptes des rayons en GMS, l'euro observatoire. Observatoire de la formation des prix et des marges des produits alimentaires. Paris, Ministère de l'Agriculture de l'Alimentation de la Pêche de la Ruralité et de l'Aménagement du Territoire, Ministère de l'Economie et des Finances, France Agrimer.
Maluf, R.S. 2007. Segurança alimentar e nutricional. Rio de Janeiro, Editora Vozes.
Marr, A. 2012. Effectiveness of rural microfinance: what we know and what we need to know. Journal of Agrarian Change, 12(4): 555–563.
Marsden, T. & Sonnino, R. 2012. Human health and wellbeing and the sustainability of urban–regional food systems. Current Opinion in Environmental Sustainability, 4(4): 427–430. doi:http://dx.doi.org/10.1016/j.cosust.2012.09.004

Hoppe, R.A. & Banker, D.E. 2010. Structure and Finances of U.S. Farms: Family Farm Report, 2010 Edition, EIB-66, U.S. Dept. of Agr., Econ. Res. Serv. July 2010. http://www.ers.usda.gov/media/184479/eib66_1_.pdf

Hubbard, C. 2009. Small farms in the EU: how small is small? University of Kent, Canterbury, UK. 26–27 June 2009.

Human Rights Council. 2012. Final study of the Human Rights Council Advisory Committee on the advancement of the rights of peasants and other people working in rural areas. UN General Assembly.

IAASTD. 2009. Agriculture at a crossroads. Global Report. International Assessment of Agricultural Knowledge, Science and Technology for Development. Washington, DC, Island Press.

Ichihara, S.F. 2006. Organic agriculture movement at a crossroad. A comparative study of Denmark and Japan. Aalborg University.

IFAD. 2007. Gender and water. Securing water for improved rural livelihoods: the multiple-uses system approach. Rome.

IFAD. 2010. Rural Poverty Report 2011. Rome. (available at http://www.ifad.org/rpr2011/report/e/rpr2011.pdf).

IFAD. 2011. Proceedings. IFAD Conference on New Directions for Smallholder Agriculture, 24–25 January 2011. Rome. Available at: http://www.ifad.org/events/agriculture/doc/proceedings.pdf

IFAD. 2012. Partnership in progress: 2010-201. Report to the global meeting of the Farmers' Forum in conjunction with the thirty-fifth Session of the Governing Council of IFAD, 20-21 February 2012. Rome. 91 p.

IFAD and UNEP. 2013. Smallholders, food security and the environment. Rome (available at http://www.ifad.org/climate/resources/smallholders_report.pdf).

Interagency Report. 2012. Sustainable agricultural productivity growth and bridging the gap for small-family farms. Report to the Mexican G20 Presidency. 89 p.

Iwasa, K. 2005. Agricultural development and agribusinesses in Malaysia: light and shadow of export oriented development. Houritsu-Bunka-Sha (in Japanese). （Iwasa 2005；岩佐和幸『マレーシアにおける農業開発とアグリビジネス―輸出指向型開発の光と影―』法律文化社、2005年）

Jaffee, S., Nguyen, V.S., Dao; The Anh and Nguyen Do A. T. *et al.* 2012. Vietnam rice, farmer and rural development: from successful growth to prosperity. World Bank. 160 p.

Jagannadha Rao, P., Das, M. & Das, S. 2007. Jaggery-A traditional Indian sweetener. Indian Journal of Traditional Knowledge, 6(1): 95–102.

Jayne, T.S., Mather, D. & Mghenyi, E. 2010. Principal challenges confronting smallholder agriculture in sub-Saharan Africa. World Development, 38(10): 1384–1398. doi:http://dx.doi.org/10.1016/j.worlddev.2010.06.002

Jessop, R., Diallo, B., Duursma, M., Mallek, A., Harms, J. & van Manen, B. 2012. Creating access to agricultural finance based on a horizontal study of Cambodia, Mali, Senegal, Tanzania, Thailand and Tunisia. Paris, AFD, A savoir. 119 p.

Johnson, D.G. 1973. World agriculture in disarray. New York. USA, St. Martins Press. 304 p.

Johnston, B.F. 1970. Agriculture and structural transformation in development countries: a survey of research. Journal of Economic Literature, 3: 369–404.

Johnston, B.F. & Mellor, J.W. 1961. The role of agriculture in economic development. American Economic Review, 51: 566–593.

Jordan, S. & Hisano, S. 2011. A comparison of the conventionalisation process in the organic sector in Japan and Australia. Agricultural Marketing Journal of Japan, 20(1): 15–26. （Jordan and Hisano 2011；サンギータ・ジョーダン、久野秀二「有機農業部門の<コンベンショナル化>過程に関する日本とオーストラリアの比較研究」『農業市場研究』日本農業市場学会、第 20 巻第 1 号(通巻 77 号)、15-26 頁、2011 年 6 月。）

Kaplan, S. & Garrick, B.J. 1981. On the quantitative definition of risk. Risk Analysis, 1(1): 11–27.

Korth, M., Stewart, R., Van Rooyen, C. & De Wet, T. 2012. Microfinance: development intervention or just another bank? Journal of Agrarian Change, 12(4): 575–586.

Kull, C.A., Carrière, S.M., Moreau, S., Ramiarantsoa, H. R., Blanc-Pamard, C. & Tassin, J. 2013. Melting Pots of Biodiversity: Tropical Smallholder Farm Landscapes as Guarantors of Sustainability. Environment Magazine March/April 2013. Available at:

Garrity, D.P., Akinnifesi, F.K., Ajayi, O.C., Weldesemayat, S.G., Mowo, J.G., Kalinganire, A., Larwanou, M. & Bayala, J. 2010. Evergreen Agriculture : a robust approach to sustainable food security in Africa, Food Security, 2: 197–214.

Gérard, F., Dury, S., Bélières, J.-F., Keita, M.S. & Benoit-Cattin, M. 2012. Comparaison de plusieurs scénarios de lutte contre l'insécurité alimentaire au Mali. Cahiers Agricultures, 21(5): 356–365.

Gibson, J. & Olivia, S. 2010. The effect of infrastructure access and quality on non-farm enterprises in rural Indonesia. World Development, 38(5): 717–726.

Giller, K.E., Witter, E., Corbeels, M. & Tittonell, P. 2009. Conservation agriculture and smallholder farming in Africa: the heretics' view. Field Crops Research, 114(1): 23–34. doi:10.1016/j.fcr.2009.06.017

Gitz, V. & Meybeck, A. 2012. Risks, vulnerability and resilience in a context of climate change. In FAO/OECD. Building resilience for adaptation to climate change in the agriculture sector. Proceedings of a Joint FAO/OECD Workshop, 23–24 April 2012. Rome.

Glover, D. & Kusterer, K. 1990. Small farmers, big businesses: contract farming and rural development. Basingstoke, UK, Palgrave Macmillan. （Glover & Kusterer 1990 ；中野一新監訳『アグリビジネスと契約農業』大月書店、1992 年）

Graziano da Silva, J. & Eduardo Del Grossi, M. 2001. Rural nonfarm employment and incomes in Brazil: patterns and evolution. World Development, 29(3): 443–453. doi:http://dx.doi.org/10.1016/S0305-750X(00)00103-0

Graziano da Silva, J., Eduardo Del Grossi, M. & Galvão de França, C. 2010. The Fome Zero (Zero Hunger) Program: The Brazilian experience. Brasília, MDA, 2010.

Haggblade, S. & Hazell, P. 1989. Agricultural technology and farm-nonfarm growth linkages. Agricultural Economics, 3(4): 345–364.

Haggblade, S., Hazell, P. & Dorosh, P. 2007. Sectoral growth linkages between Agriculture and the Rural Nonfarm Economy. In S. Haggblade, P. Hazell & T. Reardon, eds.Transforming the rural non farm economy, pp. 141–182. Baltimore, The Johns Hopkins University Press.

Hayami, Y. & Ruttan, V. 1985. Agricultural development: an international perspective. Baltimore, USA, John Hopkins.

Hazell, P. 2011. Five Big Questions about Five Hundred Million Small Farms. Keynote Paper presented at the IFAD Conference on New Directions for Smallholder Agriculture, 24-25 January, 2011.

Henson, S. 2006. New markets and their supporting institutions: opportunities and constraints for demand growth. Santiago, Rimisp-Latin American Center for Rural Development.

Herath, D. & Weersink, A. 2009. From plantations to smallholder production: the role of policy in the reorganization of the sri lankan tea sector. World Development, 37(11): 1759–1772. doi:10.1016/j.worlddev.2008.08.028

Hernández, R., Reardon, T. & Berdegué, J.A. 2007. Supermarkets, wholesalers, and tomato growers in Guatemala. Agricultural Economics, 36(3): 281–290.

Herren, H.R. 1980. Biological control of the cassava mealybug. In E.R. Terry, K.O. Oduro & F. Caveness, eds. Tropical root crops research strategies for the 1980s. Proceedings of the First Triennial Symposium of the International Society for Tropical Root Crops, Ottawa, 8–12 September 1980. Ottawa, International Development Research Center (IDRC).

HLPE. 2011a. Price volatility and food security. A report by the High level Panel of Experts on Food Security and Nutrition of the Committee of World Food Security. Rome.

HLPE. 2011b. Land tenure and international investments in agriculture. A report by the High level Panel of Experts on Food Security and Nutrition of the Committee of World Food Security. Rome.

HLPE. 2012a. Food security and climate change. A report by the High level Panel of Experts on Food Security and Nutrition of the Committee of World Food Security. Rome.

HLPE. 2012b. Social protection for food security. A report by the High level Panel of Experts on Food Security and Nutrition of the Committee of World Food Security. Rome.

Hocdé, H. & Miranda, B. 2000. Los Intercambios campesinos: más allá de las fronteras. ¡Seamos Futuristas ! San Jose, Costa Rica, IICA/GTZ/CIRAD.

Holmes, R., Farrington, J. & Slater, R. 2007. Social protection and growth: the case of agriculture. IDS Bulletin, 38(3): 95–100. doi:10.1111/j.1759-5436.2007.tb00388.x

Fan, S., Hazell, P. & Haque T. 2000. Targeting public investments by agro-ecological zone to achieve growth and poverty alleviation goals in rural India. Food Policy, 25(4): 411–428. doi:10.1016/s0306-9192(00)00019-1

Fan, S. & Zhang, L. 2003. WTO and rural public investment in China [in Chinese]. Beijing, Agricultural Press.

Fan, S., Zhang, L. & Zhang, X. 2002. Growth, inequality, and poverty in rural China: the role of public investment. Washington, DC. International Food Policy Research Institute.

Fan, S., Zhang, L. & Zhang X. 2004. Reform, investment, and poverty in rural China. Economic Development and Cultural Change, 52(2): 395–421.

FAO. 1995. Programme for the World Census of Agriculture 2000. FAO Statistical Development Series No. 5. FAO: Rome.

FAO. 2007. The urban producer's resource book. A practical guide for working with Low Income Urban and Peri-Urban Producers Organizations. FAO, Rome. Available at: ftp://ftp.fao.org/docrep/fao/010/a1177e/a1177e.pdf.

FAO. 2010a. Policies and institutions to support smallholder agriculture. Committee on Agriculture, 22 Session, Rome, 16-19 June. Rome, (available at http://www.fao.org/docrep/meeting/018/K7999E.pdf).

FAO. 2010b. 2000 World census of agriculture. Main results and metadata by country (1996-2005). Rome.

FAO. 2010c. Characterisation of small farmers in Asia and the Pacific. Asia and Pacific Commission on agricultural statistics, twenty-third session, Siem Reap, Cambodia, 26–30 April. 2010.

FAO. 2010d. A system of integrated agricultural censuses and surveys. Volume 1 - Revised reprint. FAO Statistical Development Series 11. Rome.

FAO. 2011a. The State of Food and Agriculture. Women in agriculture. Closing the gender gap for development. Rome. （FAO 2011a；国際農林業協働協会訳『世界食料農業白書 2010-11 年報告―農業における女性　開発に向けたジェンダーギャップの解消―』国際農林業協働協会、2012 年）

FAO. 2011b. Save and grow. A policymaker's guide to the sustainable intensification of smallholder crop production. Rome.

FAO. 2012a. The State of Food and Agriculture. Investing in agriculture. Rome. （FAO 2012a；国際農林業協働協会訳『世界食料農業白書 2012 年報告―より良い未来のための農業投資―』国際農林業協働協会、2013 年）

FAO. 2012b. Trends and Impacts of Foreign Investment in Developing Country Agriculture. Retrieved April 2, 2013.

FAO. 2013a. Cooperatives: Empowering women farmers, improving food security, (available at http://www.fao.org/gender/gender-home/gender-insight/gender-insightdet/en/c/164572/).

FAO. 2013b. Supporting livelihoods and building resilience through Peste des Petits Ruminants (PPR) and small ruminant diseases control. Animal Production and Health Position Paper. Rome.

Farina, E.M.M.Q., Gutman, G.E., Lavarello, P.J., Nunes, R. & Reardon, T. 2005. Private and public milk standards in Argentina and Brazil. Food Policy, 30(3): 302–315.

Fei, X. 1992. From the soil: the foundations of Chinese society. Berkeley, USA, University of California Press [first published 1947].

Foley, J.A., Ramankutty, N., Brauman, K.A., Cassidy, E.S., Gerber, J.S., Johnston, M., Mueller, N.D., O'Connell, C., Ray, D.K., West, P.C., Balzer, C., Bennett, E.M., Carpenter, S.R., Hill, J., Monfreda, C., Rolasky, S., Rockstro, J., Sheehan, J., Siebert, S., Tilman, D. & Zakes, D.P.M. 2011. Solutions for a cultivated planet. Nature, 478: 337 Analysis, doi:10.1038/nature10452

Friedmann, H. 2007. Scaling up: bringing public institutions and food service corporations into the project for a local, sustainable food system in Ontario. Agriculture and Human Values, 24: 389–398. doi:10.1007/s10460-006-9040-2

Fritsch, J. Wegener, S., Buchenrieder, G., Curtiss, J. & Gomez y Paloma, S. 2010. Economic prospect for semi-subsistence farm households in EU New Member States. Luxembourg, Publications Office of the European Union.

Galtier, F. 2012. Gérer l'instabilité des prix alimentaires dans les pays en développement. Une analyse critique des stratégies et des instruments. Paris, AFD, A savoir.

Deere, C.D. & Doss, C.R. 2006. Gender and the distribution of wealth in developing countries. UNU-WIDER. p.

Deere, C.D. & León, M. 2003. Reversing Gender Exclusionary Agrarian Reform: Lessons from Latin America. Mimeo, p. 16.

Deininger, K. & Olinto, P. 2001. Rural nonfarm employment and income diversification in Colombia. World Development, 29 (3): 455-465.
doi:http://dx.doi.org/10.1016/S0305-750X(00)00106-6

Del Cont, C., Bodiguel, L. & Jannarell, A. 2012. EU competition framework: specific rules for the food chain in the new CAP. European Commission.

Deléage, E.& Sabin, G. 2012. Modernité en friche. Cohabitation de pratiques agricoles. Ethnologie française, 42(4): 667–676.

Delgado, C. 1997. The role of smallholder income generation from agriculture in sub-Saharan Africa. In L. Haddad, ed. Achieving food security in southern Africa: new challenges, new opportunities, pp. 145-173. Washington, DC, IFPRI.

Delgado, C., Hopkins, J., Kelly, V.A., Hazell, P., McKenna, A.A., Gruhn, P., Hojjati, B., Sil J. & Courbois, C. 1998. Agricultural growth linkages in sub-Saharan Africa. Washington, DC, IFPRI, 154 p.

Devendra, C. & Sevilla, C.C. 2002. Availability and use of feed resources in crop–animal systems in Asia. Agricultural Systems, 71(1–2): 59–73.
doi:http://dx.doi.org/10.1016/S0308-521X(01)00036-1

Devereux, S., Sabates-Wheeler, R. & Longhurst, R. 2011. Seasonality, rural livelihoods and development. London, Earthscan.

Diaz, J.M., Le Coq, J.-F., Mercoiret, M.-R. & Pesche, D. 2004. Building the capacity of rural producer organisations. Lessons of the World Bank experience. World Bank/Cirad Tera.

Djurfeldt, G., Aryeetey, E. & Isinika, A.C., eds. 2011. African smallholders. Food crops, markets and policy. Wallingford, UK, CABI.

Dorin, B. 2011. The world food economy: a retrospective overview. In S. Paillard. S. Treyer & B. Dorin, coords. Agrimonde: scenarios and challenges for feeding the world in 2050, pp. 55-65. Versailles, Éditions Quae.

Dorin, B., Hourcade, J.-C. & Benoit-Cattin, M. 2013. A world without farmers? The Lewis path revisited. Paris, UMR CIRED, Documents de Travail du CIRED, n° 47-2013.

Dries, A., van der. 2002. The art of irrigation: the development, stagnation and re-design of farmer-Managed irrigation systems in Northern Portugal. Wageningen, Netherlands, Wageningen University.

Dries, L., Germenji, E., Noev, N. & Swinnen, J.F.M. 2009. Farmers, vertical coordination, and the restructuring of dairy supply chains in Central and Eastern Europe. World Development, 37(11): 1742–1758. doi:http://dx.doi.org/10.1016/j.worlddev.2008.08.029

Dubin, H.J. & Brennan, J. P..2009. Combating Stem and Leaf Rust of Wheat Historical Perspective, Impacts, and Lessons Learned. IFPRI Discussion Paper 00910 November 2009.

Duby, G. & Wallon, A. 1977. Histoire de la France rurale (tome 4). La fin de la France paysanne, de 1914 à nos jours. Paris, Seuil.

Eastwood, R., Lipton, M. & Newell, A. 2010. Farm size. In Handbook of agricultural economics, Vol. 4, Ch. 65, pp. 3323-3397. Burlington, USA, Academic Press.

EC (European Commission). 2012. Conference "Local agriculture and short food supply chains", Brussels, 20/04/2012, (available at http://ec.europa.eu/agriculture/events/small-farmers-conference-2012_en.htm).

Echanove Huacuja, F. 2009. Políticas públicas y maíz en México: el esquema de agricultura por contrato. Anales de Geografía, 29(2): 65–82.

ENRD (European Network for Rural Development). 2010. Semi-subsistence farming in Europe: concepts and key issues. Background paper prepared for the seminar "Semi-subsistence farming in the EU: Current situation and future prospects", Sibiu, Romania, 21–23 April 2010.

Eurostat. 2012. Agriculture, fishery and forestry statistics, main results- 2010–11. Eurostat pocketbooks, (available at http://epp.eurostat.ec.europa.eu/cache/ITY_OFFPUB/KS-FK-12-001/EN/KS-FK-12-001-EN.PDF).

CFS. 2012. Voluntary Guidelines on the Responsible Governance of Tenure of Land, Fisheries and forest in the context of National food Security, Rome, (available at http://www.fao.org/docrep/016/i2801e/i2801e.pdf).
CGPRT. 1988. The soybean commodity system in Indonesia. CGPRT (Coordination Centre for Research and Development of Coarse Grains, Pulses, Roots and Tuber Crops in the humid tropics of Asia and Pacific) No. 3. 83 p. (available at http://www.uncapsa.org/Publication/cg3.pdf).
Chamberlin, J. & Jayne, T.S. 2013. Population density, remoteness & farm size. Small farms amidst land abundance in Zambia (available at: http://fsg.afre.msu.edu/gisama/Chamber_Jayne_Population_density_remoteness.pdf)
Chatellier, V. & Gaigné, C. 2012. Les logiques économiques de la spécialisation productive du territoire agricole français. Innovations Agronomiques, 22: 185–203.
Chaudhury, M, Ajayi, O.C., Hellin, J., Neufeldt, H. 2011. Climate change adaptation and social protection in agroforestry systems: enhancing adaptive capacity and minimizing risk of drought in Zambia and Honduras. ICRAF Working Paper No. 137. Nairobi: World Agroforestry Centre. http://dx.doi.org/10.5716/WP11269.PDF
Chirwa, E. & Matita, M. 2012. Factors influencing smallholder commercial farming in Malawi: a case of NASFAM commercialisation initiatives. London, Future Agricultures Consortium.
CIHEAM. 2008. MediTerra. Les futurs agricoles et alimentaires en Méditerranée. Paris, Presses de Sciences Po « Annuels, CIHEAM.
Ciriacy-Wantrup, S.V. & Bishop, R.C. 1975. Common property as a concept in natural resource policy. Natural Resource Journal, 15: 713–727.
Cittadini, R. 2010. Food safety and sovereignty, a complex and multidimensional problem. Buenos Aires, University of Buenos Aires.
Colin J.-P., Le Meur, P.-Y., Léonard, E. 2009. Les politiques d'enrefgistrement des droits fonciers. Du cadre légal aux pratiques locales. Paris, editeur Karthala.
Conway, G. 1997. The Doubly Green Revolution: food for all in the twenty-first century. Ithaca, USA, Comstock Publishing Associates.
Cossée, O., Lazar, M. & Hassane S. 2009. Rapport de l'Evaluation à mi-parcours du Programme EMPRES composante Criquet pèlerin en Région occidentale, FAO, Mai 2009 (available at: http://www.clcpro-empres.org/fr/pdf/Rapport_evaluation%20mi_parcourEMPRESro_Fr.pdf).
Coulibaly, Y. M., Bélières, J.-F. & Koné, Y. 2006. Les exploitations agricoles familiales du périmètre irrigué de l'Office du Niger au Mali : évolutions et perspectives. Cahiers Agricultures, 15(6): 562–569. doi: 10.1684/agr.2006.0024
Cronon, W. 1991. Nature's metropolis: Chicago and the Great West. New York. Norton & Co.
Crowley, E.L. & Carter, S.E. 2000. Agrarian change and the changing relationships between toil and soil in Maragoli, Western Kenya (1900–1994). Human Ecology, 28(3): 383–414.
Cunningham K. 2009a. Connecting the Milk Grid: Smallholder dairy in India, Chapter 17 In: IFPRI. 2009. Millions fed: proven successes in agricultural development, David J. Spielman and Rajul Pandya-Lorch eds.
Cunningham, K. 2009b. Rural and urban linkages: Operation Flood's role in India's dairy development. IFPRI Discussion Paper. Washington, D.C.: International Food Policy Research Institute.
Dan, G. 2006. Agriculture, rural areas and farmers in China. Beijing: China Intercontinental Press.
de Janvry, A. & Sadoulet E. 1993. Market, state, and civil organizations in Latin America beyond the debt crisis: The context for rural development. World Development, 21(4): 659–674.
de Janvry A. & Sadoulet E. 2010. Agricultural Growth and Poverty Reduction: Additional Evidence. World Bank Research Observer, 25(1): 1–20. doi:10.1093/wbro/lkp015
de Janvry, A. & Sadoulet E. 2011. Subsistence farming as a safety net for food-price shocks. Development in Practice, 21(4–5): 472-480. doi:http://dx.doi.org/10.1080/09614524.2011.561292
De Roest, K. & Menghi, A. 2000. Reconsidering 'traditional' food: the case of parmigiano reggiano cheese. Sociologia Ruralis, 40(4): 439–451. doi:10.1111/1467-9523.00159
de Obtschako, E.S., Foti, M.D.P. & Román, M.E. 2007. Los pequenos productores en la Republica Argentina. Importancia en la produccion agro pecuaria y en el empleo en base al Censo Nacional Agropecuario del 2002. Buenos Aires, IICA, SGAyP.

Berge, G., Diallo, D., Hveem, B. 2005. Les plantes sauvages du Sahel Malien , Les stratégies d'adaptation à la sécheresse des Sahéliens. Paris, editeur Karthala.

Berry, S. 1985. Fathers work for their sons. Accumulation, mobility, and class formation in an extended Yoruba community. Berkeley and Los Angeles, USA, University of California Press.

Bharucha, Z. & Pretty, J. 2010. The roles and values of wild foods in agricultural systems. Philosophical Transactions of the Royal Society B-Biological Sciences. 365: 2913–2926.

Bingen, J.R. 1998. Cotton, democracy and development in Mali. The Journal of Modern African Studies, 36 (2): 265–285. doi:http://dx.doi.org

Binswanger, H.P. & Ruttan. V., eds. 1978. Induced innovation: technology, institutions and development. Baltimore, USA, Johns Hopkins University Press.

Bivings, L. & Runsten, D. 1992. Potential competitiveness of the Mexican processed vegetable and strawberry industries. Report for the Ministry of Agriculture, Fisheries and Food, British Columbia.

Blanchemanche, P. 1990. Bâtisseurs de paysages. Paris, Maison des sciences de l'homme. 329 p.

Blackden, M. & Wodon, Q. 2006. Gender, time use and poverty, introduction. In C.M. Blackden, & Q. Wodon, eds. Gender, time-use and poverty. Working Paper 73. Washington, DC, World Bank.

Bonneuil, C., Demeulenaere, E., Thomas, F., Joly, P.-B., Allaire, G. & Goldringer, I. 2006. Innover autrement ? La recherche face à l'avènement d'un nouveau régime de production et de régulation des savoirs en génétique végétale. In P. Gasselin & O. Clément, eds. Quelles variétés et semences pour des agricultures paysannes durables ? pp. 29–52. Dossier de l'environnement de l'INRA 30.

Bosc, P.-M., Eychenne, D., Hussein, K., Losch, B., Mercoiret, M.-R., Rondot, P. & Macintosh-Walker, S. 2001. The Role of Rural Producers Organisations (RPOs) in the World Bank Rural Development Strategy. Washington DC, World Bank.

Boucher, F. & Muchnik, J., eds. 1998. Les agro-industries rurales en Amérique latine. Montpellier, France, CIRAD, Reperes.

Brader, L., Djibo, H., Faye, F.G., Ghaout, S., Lazar, M., Luzietoso, P.N. & Ould Babah, M.A. 2006. Évaluation multilatérale de la campagne 2003–05 contre le criquet pèlerin. FAO, Rome, (avaliable at: http://www.clcpro-empres.org/fr/pdf/Evaluation_compagne200_2005_Fr.pdf).

Brasselle, A.-S., Gaspart, F. & Platteau, J.-P. 2002. Land tenure security and investment incentives: puzzling evidence from Burkina Faso. Journal of Development Economics, 67 (2): 373–418. doi:10.1016/s0304-3878(01)00190-0

Bruin, R. de & van der Ploeg, J.D. 1991. Maat houden, bedrijfsstijlen in de Noordelijke Friese Wouden en het Zuidelijk Westerkwartier. Wageningen, Netherlands. Wageningen University.

Burch, D. & Lawrence, G., eds. 2007. Supermarkets and agri-food supply chains. Cheltenham, UK, & Northampton, USA, Edward Elgar. 330 p.

Burnod, P., Colin, J.-P., (coords), Ruf, F., Freguin-Gresh, S., Clerc, J., Faure, G., Anseeuw, W., Cheyns, E., Vagneron, I. & Vognan, G. 2012. Grands investissements agricoles et inclusion des petits producteurs : leçons d'expériences dans 7 pays du sud. Rome, FAO, & Montpellier, CIRAD. 101 p.

Byerlee, D., de Janvry, A. & Sadoulet, E. 2009. Agriculture for development: toward a new paradigm. Annual Review of Resource Economics, 1: 15–31. doi: 10.1146/annurev.resource.050708.144239

Carney, D. 1999. Approaches to sustainable livelihoods for the rural poor. London. Overseas Development Institute.

Carrau, J.G. 2012. EU competition framework policy and agricultural agreements: collation and comparative analysis of significant decisions at national level. European Commission.

Carter, M.R. & Barrett, C.B. 2006. The economics of poverty traps and persistent poverty: an asset-based approach. The Journal of Development Studies, 42 (2): 178–199. doi:10.1080/00220380500405261

Carter, M.R. & Mesbah, D. 1993. Can land market reform mitigate the exclusionary aspects of rapid agro-export growth? World Development, 21 (7): 1085–1100. doi:10.1016/0305-750x(93)90001-p

参考文献一覧 （REFERENCES）

Affholder, F., Poeydebat, C., Corbeels, M., Scopel, E. & Tittonell, P. 2013. The yield gap of major food crops in family agriculture in the tropics: assessment and analysis through field surveys and modelling. Field Crops Research, 143: 106–118.
doi:http://dx.doi.org/10.1016/j.fcr.2012.10.021
Agarwal, B. 1994. A Field of One's Own: Gender and Land Rights in South Asia, Cambridge University Press. Cambridge.
Agarwal, B. 2003. Gender and Land Rights Revisited: Exploring New Prospects via the State, Family and Markets. In Razavi, S. (edit.) Agrarian Change, Gender and Land Rights. UNRISD, Blackwell Publishing. Oxford.
Allara, M., Kugbei, S., Dusunceli, F. & Gbehounou, G. 2012. Coping with changes in cropping systems: plant pests and seeds. In FAO/OECD Workshop: Building Resilience for Adaptation to Climate Change in the Agriculture Sector, Rome, Italy, 23–24 April 2012.
Almekinders, C., Cavatassi, R., Terceros, F., Pereira Romero, R. & Salazar L. 2010. Potato Seed Supply and Diversity: Dynamics of Local Markets of Cochabamba Province, Bolivia –A Case Study. In Lipper L., Anderson L. and Dalton T. 2010. Seed Trade in rural markets, implications for crop diversity and agricultural development. FAO. Rome.
Antle, J. 1983. Infrastructure and aggregate agricultural productivity: international evidence. Economic Development and Cultural Change, 31 (3): 609–619.
Arroyo G. 1980. Firmes transnationales et l'agriculture en Amérique latine, (Paris, France: Anthropos), 256p.
Atieno, R. & Kanyingo, K. 2008. The politics of policy reforms in Kenya's dairy sector. Future Agricultures Policy Brief 119.
Austin, J.E. 1981. Agroindustrial project analysis. Baltimore, USA, Johns Hopkins University Press.
Barrett, C.B. 2008. Smallholder market participation: concepts and evidence from eastern and southern Africa. Food Policy, 33 (4): 299–317.
doi:http://dx.doi.org/10.1016/j.foodpol.2007.10.005
Barrett, C.B. & Carter, M.R. 2012. The economics of poverty traps and persistent poverty: policy and empirical implications (available at
http://dyson.cornell.edu/faculty_sites/cbb2/Papers/Barrett%20Carter%20Poverty%20Traps%20 12%20May%20revision.pdf).
Bélières, J.-F., Bonnal, P., Bosc, P.-M., Losch, B., Marzin, J. & Sourisseau, J.-M. 2013. Les agricultures familiales du monde. Définitions, contributions et politiques publiques. Montpellier, Paris. CIRAD, AFD.
Bennett, J. 1981. Of time and the enterprise: North American family farm management in a context of resource marginality. Minneapolis, USA, University of Minnesota Press.
Bentley, J.W. & Baker, P.S. 2000. The Colombian Coffee Growers' Federation: organised, successful smallholder farmers for 70 years. London, ODI.
Berdegué, J. 2001. Cooperating to compete: peasant associative business firms in Chile. Wageningen, Netherlands, Department of Social Sciences, Wageningen University/
Berdegué, J. & Carriazo, F. & Jara, B. & Modrego, F. & Soloaga, I. 2012. Ciudades, territorios y crecimiento inclusivo en Latinoamérica: Los casos de Chile, Colombia y México. Working papers 118, Rimisp Latin American Center for Rural Development. Available at:
http://ideas.repec.org/p/rms/wpaper/118.html.
Berdegué, J.A. & Fuentealba, R. 2011. Latin America: the state of smallholders in agriculture. Paper presented at the IFAD Conference on New Directions for Smallholder Agriculture, 24–25 January 2011. Rome, IFAD.
Berdegué, J.A., Balsevich, F., Flores, L. & Reardon, T. 2005. Central American supermarkets' private standards of quality and safety in procurement of fresh fruits and vegetables. Food Policy, 30 (3): 254–269.
Berdegué J. A., Reardon T., Hernández R. & Ortega J. 2008. Mexico: Modern market channels and strawberry farmers in Michoacán, Mexico - Micro study report. Agrifood Sector Studies, Regoverning Markets Program (London, UK: IIED), 62p.

謝辞

専門家ハイレベル・パネル（HLPE）は、二回にわたって行われた公開電子会議において大変貴重な情報とコメントを寄せていただいた全ての参加者に対して、心から謝意を表したい。この電子会議は、第一回目は本報告書で提案された分析視角に関して、第二回目は本報告書の第一草稿に関して、ウェブ上で意見を募集したものである。この会議に参加して下さった方々のお名前とその内容は、専門家ハイレベル・パネルのホームページ (http://www.fao.org/cfs/cfs-hlpe) 上に掲載している。

われわれはまた、本報告書の第二草稿の査読者から寄せられた貴重な意見に対しても、お礼を申し上げたい。世界各地から参加していただいた査読者の一覧も、専門家ハイレベル・パネルのホームページ上に掲載している。

最後に、プロジェクト・チームから、ジャン＝フランソワ・ベリエール、ブノワ・ダヴィロン、バール・ドゥ・スティーンフイセン・ピテール、フランク・ガルティエ、ノラ・マクケオン、ブリュノ・ロッシュ、ホセ・ミュクニク、イ・ジンチョン、ジャン＝ミシェル・スリソー、エディス・ファン・ワルスム、フィリップ・ボナル、株田文博、ジャック・マルザン、アレクサンダー・シェットマン、トマ・ロザダ、アレクサンドル・マルタン、セルジオ・シュナイダー、マリー＝ソフィー・ドゥデュー、フレデリック・コルルー、イザベル・ペレズ、マリー＝クリスティーヌ・デュシャン、そして、ハリエット・フリードマンの諸氏に対して、記してお礼を申し上げる次第である。

編集後記

本報告書は、2013年6月26日にホームページ上に掲載された初版をもとに、誤字、参考文献、および第4章の一部を改訂し、2013年7月11日に再掲載したものである。

訳者あとがき

本書の原著は、序文にあるように、国連食糧農業機関（FAO）の世界食料保障委員会（CFS）が、2011年10月に「食料保障と栄養に関する専門家ハイレベル・パネル（HLPE）運営委員会」に求めた「途上国では飢餓人口の中心的存在であり、それへの投資が無条件で必要な小規模経営への投資拡大を制約するものを比較研究し、制約打破のための新たな政策提言」に応えて組織された調査研究プロジェクトチームの報告書である。CFSは、国連が第66期総会の2011年12月22日に決議した「2014年国際家族農業年」の理論的バックボーンの提供を求めたのであろう。

このプロジェクトチームのリーダーは、フランスのモンペリエ市にある農業開発研究国際協力センター（CIRAD）の上席研究員、ピエール＝マリー・ボスク氏である。そしてこのプロジェクトチームのメンバー6名のうちでわが国から唯一登用されたのが、訳者のひとり関根佳恵である。2012年7月にポルトガル・リスボン大学で開催された国際農村社会学会の大会での、日本の「2009年の農地法改正」をテーマにした報告"Reverse Land Reform"?: From Small Family Farmers to Big Business"（「逆コースの『農地改革』？──小規模家族農家からビッグビジネスへ──」）がボスク氏の目にとまり、複数の候補者の中から関根が選抜されたということである。

さて、本書の翻訳に際して、書名にも使われているsmallholderとfood securityをどう訳すかに苦労した。smallholderは一般に英和辞典が採用している「小自作農」ではイングランドには適用できても、世界的には狭すぎる。第1章にはsmallholders are principally family farmersという叙述がでてくるので、家族農業ないし家族経営農業と訳

しても誤りではないが、最終的には小規模経営とした。また、smallholder agriculture は小規模農業と訳した。ちなみに、国連の「2014年国際家族農業年」決議文書でも、タイトルは"International Year of Family Farming"であるものの、決議文書のなかでは、family farming and smallholder farmingとされており、家族経営農業ではあっても、それは小規模経営に限定されたものとして理解されているということであろう。

food security については、本書では、国家レベルの食料安全保障よりもむしろ、まずは農村の小規模零細な農家の食料をどう確保するかが問題とされており、食料保障という訳語を当てた。

国連はFAOを中心に、1973年の世界食料危機いらい、世界の飢餓人口の削減をめざす国際社会の取り組みを強く要請してきた。そして、近年では2009年11月の「食料安全保障世界サミット」での宣言で、とくにその多くが女性に担われる小規模な家族農業への支援が求められるとした。そのうえで、2014年を国際家族農業年とする世界の農林漁業全体にわたって家族を土台とする小規模な経営が、①世界の食料保障にとって不可欠、②伝統的な農産物の保存、バランスのとれた食生活や農業生物の多様性の維持、自然資源の持続的利用への貢献、③社会的保護やコミュニティの再生など

の政策とあいまって地域経済の振興を担う存在、などの重要性をもつことがいよいよ明らかになったとの理解が強調されている。すなわち、国連が、いまこそ世界の小規模な家族農業に全力を入れるべきであること、それには小規模な家族農業の実現を発展させ、その力に依拠することこそが求められるということを国際社会に対して提起したのが、2014年国際家族農業年だということである。

世界食料危機と新自由主義に対抗する「食料主権 (Food Sovereignty)」と小農民の権利拡大で打開しようという世界的な農民運動組織「ビア・カンペシーナ」(La Via Campesina、スペイン語で「農民の道」という意味)は、2013年6月にインドネシアのジャカルタで第6回国際総会を開催した。そこで採択された政治宣言「ジャカルタからの呼びかけ」は、以下のように小規模経営が何を担っているかを確認している。

「国際的な小農民運動であるビア・カンペシーナには、88カ国183組織の2億人を超える小農民、小農生産者、土地のない人びと、女性、青年、先住民、移民、農場・食品労働者が結集している。われわれは、自らの最初の20年間のたたかいを祝うため、世界の小農民の過半数が生活するここアジアに集まった。われわれは1993年にベルギー・モンスに結集し、1996年にはメキシコ・トラスカラで食糧主権

という革新的ビジョンを提示した。新自由主義貿易アジェンダに抵抗し、それへの対案を構築する取り組みにおける中心的な社会的主体に小農民と家族農民男女を改めて位置づけることに成功した。われわれは、土地に根ざした者として、オルタナティブな農業モデルの構築においてだけでなく、公平かつ多様で、平等な世界を築くうえでも不可欠な主体である。われわれは、人びとに食料を提供し、自然を保護する。地球の保全についても、将来の世代がわれわれに依拠している。」（農民運動全国連合会「農民」第１０７９号、２０１３年７月２９日）。「ビア・カンペシーナ」の世界的な運動は、２０１４年国際家族農業年を意義深いものにするであろう。

欧州連合（ＥＵ）は、２０１３年９月８日から１０日まで、リトアニアの首都ヴィリニュスで、「家族農業の持続可能性をいかに強化するか」をめぐって、加盟国の農相非公式特別会合を開き、「不幸にも、高度に競争的でグローバルなビジネス環境のもとで、家族農業は限定された市場へのアクセス、フードチェーンにおける付加価値に占める農民のシェアの低下、交渉力の弱さなど、多くの困難に直面している。…家族農業の重要性とそれが直面する困難を顧み、とくに家族農業を統合する協同組合や生産者組織の発展を支援する環境をつくりだすために、ＥＵ、加盟国、地域の各レベルの政策がどのように、またどの程度、家族農業の持続可能性を強化でき

るか」を議論している（農業情報研究所「農業・農村・食料」インターネットニュース２０１３年９月９日による）。

世界のこのような動きからすると、ＴＰＰにおいて日本の農産物市場の全面開放を求める農業大国のアメリカとオセアニアの政府は、国際社会の切なる願いである飢餓人口の削減、それを実現するための各国の家族農業の共存と食料自給力の向上に敵対する存在であることが明らかだ。そして、ＴＰＰへの参加を強行し、「攻めの農林水産業」を叫ぶ自民党安倍政権と農林水産省は、「２０１４年国際家族農業年」の異常さが際立つ。「アベノミクス成長戦略」を無視するだけでなく、それに逆らって、家族農業経営を潰し、規模拡大をめざす法人経営を支援して、国際競争力のある農業づくりで、農産物輸出に活路を見出そうというのである。国境措置を放棄して、アメリカやオセアニアの大規模商業的農業と競争できる農業をめざそうなどというのは狂気の沙汰である。勝てっこないことはよくわかっているから、輸出拡大といっても何のことはない、よくみれば輸出拡大のポイントは大手の水産会社や食品加工会社が担う水産物や加工食品なのである。アメリカやオセアニアからの膨大な低廉農産物の輸入が国内での農産物デフレをさらに深刻化させる以外になにもなくて、法人経営に規模拡大投資を期待するというのも酷な話である。

「２０１４年国際家族農業年」にわが国が参加する道は、食

料自給率を向上させ、世界の食料保障に協力することにある。国内産の穀物価格を破壊する低価格での大量輸入に依存した食料供給・農業生産構造を抜本的に転換することである。

そのための生産者・農民運動団体、協同組合・農業関係団体、自治体、研究調査機関・大学など、幅広い議論を起こすために、2014年早々の翻訳出版をめざそうという農文協編集部の意気込みを受けて、農林中金総合研究所と家族農業研究会（代表・村田武）が共同して翻訳作業に全力をあげた。

若い研究者に共同翻訳作業に参加するチャンスを提供できたことも喜んでいる。

本訳書が、小規模な家族農業経営の世界史的普遍的意義と今日的価値を確認し、国民経済の土台であり、日本社会の基礎ともいうべき農業と農村が正しく発展していくよすがになることを期待し、訳者あとがきとしたい。

2013年12月

訳者を代表して　村田　武

HLPE Steering Committee（運営委員会）members (June 2013)

MS Swaminathan (Chair)
Maryam Rahmanian (Vice-Chair)
Catherine Bertini／Tewolde Berhan Gebre Egziabher
Lawrence Haddad／Martin S. Kumar
Sheryl Lee Hendriks／Alain de Janvry
Renato Maluf／Mona Mehrez Aly
Carlos Perez del Castillo／Rudy Rabbinge
Huajun Tang／Igor Tikhonovich
Niracha Wongchinda

HLPE Project Team members（執筆者）

Pierre-Marie Bosc (Team Leader)
　　農業開発研究国際協力センター（CIRAD）上席研究員（フランス人）
Julio Berdegué RIMISP
　　ラテンアメリカ農村開発センター主席研究員（メキシコ人／在チリ）
Mamadou Goïta
　　代替開発促進研究所理事（マリ人）
Jan Douwe van der Ploeg
　　ワーヘニンゲン大学教授（オランダ人）
Kae Sekine
　　立教大学助教（日本人）
Linxiu Zhang
　　中国農業政策研究所教授／理事（中国人）

Coordinator of the HLPE

Vincent Gitz

著者　国連世界食料保障委員会専門家ハイレベル・パネル（HLPE、詳細前頁）
訳者　家族農業研究会（代表 村田武）・（株）農林中金総合研究所

訳者メンバーと分担（訳出順）
　関根佳恵（せきねかえ）（立教大学助教、日本語版への序文、序文、要約と勧告、序章、
　　　　　　第2章、謝辞、編集後記）
　岩佐和幸（いわさかずゆき）（高知大学教授、第1章）
　橘高研二（きったかけんじ）（農林中金総合研究所主席研究員、第3章）
　村田　武（むらたたけし）（愛媛大学客員教授、第4章。「訳者あとがき」執筆）
　高梨子文恵（たかなしふみえ）（広島大学特任講師、ボックス1～10）
　岩橋　涼（いわはしりょう）（追手門学院中学校・高等学校非常勤講師、ボックス11～19）

人口・食料・資源・環境
家族農業が世界の未来を拓く
－食料保障のための小規模農業への投資－

2014年2月5日　第1刷発行

著　者　国連世界食料保障委員会専門家ハイレベル・パネル(HLPE)
訳　者　家族農業研究会・(株)農林中金総合研究所

発行所　一般社団法人　農山漁村文化協会
〒107-8668　東京都港区赤坂7丁目6-1
電話 03(3585)1141(営業)　03(3585)1145(編集)
FAX 03(3585)3668　　　振替 00120-3-144478
URL http://www.ruralnet.or.jp/

ISBN978-4-540-14116-4
＜検印廃止＞
Ⓒ国連世界食料保障委員会専門家ハイレベル・パネル
　家族農業研究会・(株)農林中金総合研究所
2014 Printed in Japan
乱丁・落丁本はお取り替えいたします。

印刷／藤原印刷(株)
製本／根本製本(株)
定価はカバーに表示